人工智能基础及应用

RENGONG ZHINENG JICHU
JI YINGYONG

周俊　秦工　熊才高　主编

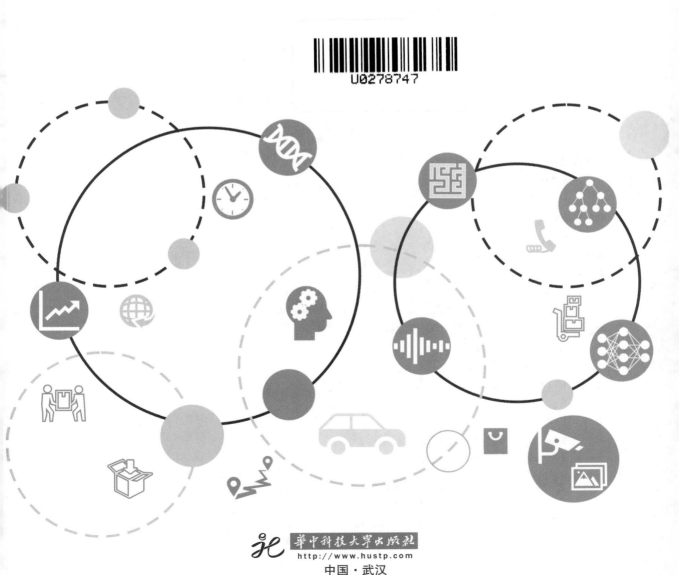

华中科技大学出版社
http://www.hustp.com
中国·武汉

内 容 简 介

本书是一本基础性强、可读性好、适合讲授和便于自学的人工智能教材。读者通过对本书的学习,能掌握人工智能中一些主要技术的基本理论及其应用方法,为进一步深入学习和研究人工智能领域奠定基础。

全书共分 5 章。各章节内容既有联系又相对独立,便于教师根据教学计划灵活选取。相应章节都配备有实践环节,并提供了完整源代码。同时,本书提供配套的网络教学平台,方便开展线上线下混合式教学。本书第 1 章介绍了人工智能的发展和应用情况,第 2 章介绍了知识表示的基本方法和应用,第 3 章详细介绍了搜索的相关技术,第 4 章详细介绍了机器学习中的主要算法和应用,第 5 章介绍了群智能算法。附录中给出了 Python 的基本语法,以助于理解书中的相关代码。

本书可作为高等院校人工智能及相关专业本、专科人工智能基础、机器学习等课程的教材,也适合非电类、非计算机类专业师生进行学习和参考。

图书在版编目(CIP)数据

人工智能基础及应用 / 周俊,秦工,熊才高主编.--武汉:华中科技大学出版社,2021.11(2024.8 重印)
ISBN 978-7-5680-7685-2

Ⅰ.①人…　Ⅱ.①周…　②秦…　③熊…　Ⅲ.①人工智能-基本知识　Ⅳ.①TP18

中国版本图书馆 CIP 数据核字(2021)第 231908 号

人工智能基础及应用

Rengong Zhineng Jichu ji Yingyong

周俊　秦工　熊才高　主编

策划编辑:袁　冲
责任编辑:刘　静
封面设计:孢　子
责任监印:朱　玢
出版发行:华中科技大学出版社(中国·武汉)　　电话:(027)81321913
　　　　　武汉市东湖新技术开发区华工科技园　　邮编:430223
录　　排:武汉蓝色匠心图文设计有限公司
印　　刷:武汉市籍缘印刷厂
开　　本:787mm×1092mm　1/16
印　　张:11.5
字　　数:287 千字
版　　次:2024 年 8 月第 1 版第 3 次印刷
定　　价:39.00 元

　　"人工智能"是近几年非常火的名词,似乎各行各业都在谈论它和研究它。然而,人工智能的概念很早已经出现,并经历了很长时间的发展。1956 年夏天在美国达特茅斯学院召开的研讨会正式将"人工智能"作为一门学科引入人们的视野。发展到现在,普遍认为人工智能经历了三次浪潮,存在三个主要流派。无论哪个流派,其研究内容及方法都在人类科学技术的发展中起到了重要的作用,并且流派之间的技术渗透也越来越多,全面系统地学习人工智能技术至关重要。

　　国务院 2017 年印发的《新一代人工智能发展规划》明确了我国人工智能发展三步走的战略目标,并将人才培养、建设人工智能学科、鼓励高校在原有基础上拓宽人工智能专业教育内容、建立人工智能学院等纳为重点任务之一。近年来,各高校人工智能学院、人工智能研究院相继建立,"人工智能基础及应用"课程也在许多专业中开始开设。人工智能涉及的知识点众多,本身仍处在不断发展之中,使得人工智能教学难以形成完整和成熟的体系,更为本课程的教学选材带来了一定的难度。本书的编写目的是希望通过介绍和讲解目前人工智能三个主要流派所包含的基础理论和研究方法,并通过实例来详细说明这些技术的特点及应用,提升读者对人工智能技术的兴趣,使读者能尽快走进人工智能的世界。本书在内容的编排上参考了人工智能应用工程师考试大纲、计算机科学技术专业硕士学位"人工智能考试大纲"以及人工智能技术目前的发展现状,既强调基本原理,又注重实际应用;在语言上力求用通俗的语言深入浅出地讲解,弱化了晦涩的数学证明和公式推导过程,也比较适合自学。

　　为了适应不同层次教学和实际工程应用的需要,方便不同教学学时安排,全书共分 5章,包括知识的表示、搜索技术、机器学习、深度学习等内容,在结构上便于裁剪,适应于不同学时的高校教学需求;在内容上将对数学原理和算法的讲解与实例分析和 Python 代码实现相配合,通过例题来帮助读者理解和应用公式,具体代码实现部分也能更好地帮助读者理解数学原理和应用实际之间的结合方法、算法的组织过程以及相关人工智能技术的编程实现,能尽快上手应用。同时,本书除了介绍各种算法基本步骤的源代码实现以外,还介绍了目前人工智能领域里一些主要算法工具包的使用方法,降低了非计算机类专业学生的编程门槛,并增加了参考实验环节,方便实验教学和进行实战学习。相关实例内容均附有源代码及介绍,源代码中包含详尽的注释。本书有配套网络教学平台,便于开展线上线下混合式教学,读者可下载超星学习通并注册,打开学习通 APP,扫描二维码加入学习。

本书第 3、4、5 章由周俊编写,第 2 章、附录部分由秦工编写,第 1 章由熊才高编写。全书由周俊统稿,秦工和熊才高负责校对,李建民为本书编写提供了宝贵的意见。

本书配有电子课件、习题解答和所有源代码,可免费提供给采用本书作为教材的高校老师使用(可发送邮件至 211272956@qq.com 获取)。

由于编者水平有限,书中难免有错误和不当之处,恳请广大读者批评指正。

编者

2021 年 4 月

第1章 概　述

人工智能(AI,artificial intelligence)是研究、开发用于模拟、延伸和扩展人的智能的理论、方法、技术及应用系统的一门新的技术科学。"人工智能"一词最早出自1956年夏天在美国召开的达特茅斯会议,会议由约翰·麦卡锡(J. McCarthy,人工智能之父)、马文·明斯基(M. L. Minsky,人工智能之父)、克劳德·香农(C. E. Shannon,信息论创始人)、纳撒尼尔·罗切斯特(N. Rochester,IBM第1代通用机主设计师)发起,主题是如何使用机器模仿人类学习和其他方面的能力,也就是让机器能够像人一样思考,让机器拥有智能。那次会议标志着人工智能学科的正式诞生,发展到现在,人工智能的内涵已经大大扩展,是一门交叉学科,并引领了新一轮的技术革命。

本章将首先简要介绍人工智能的发展历史及其包含的几个主要方面,接着介绍目前人工智能的一些主要应用和研究领域。

◀ 1.1　人工智能发展历史简介 ▶

谈及现代的人工智能发展历史,通常都会提到英国科学家艾伦·麦席森·图灵(A. M. Turing)。他被称为计算机科学之父,也有人称其为人工智能之父。在1950年,图灵发表了论文《计算机与智能》,论文开始就提出了"机器能思考吗"这个问题,然后提出了著名的"图灵测试",即让一位测试者待在一个隔离的房间,通过电传设备对人类和机器提问,来判断哪一个是人哪一个是机器,如图1.1所示。图灵在论文中还示范了一些用于提问的问题,并指出如果机器能够非常好地模仿人类回答问题,以至测试者在相当长的时间里误以为它不是机器,那么机器就可以被认为是能够思考的。

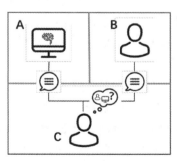

图1.1　图灵测试

直到现在,图灵测试依然是判断机器是否具备智能的方法之一,2018年谷歌(Google)推出人工智能Duplex时就声称Duplex已经部分通过图灵测试,以至于引发了一些人的担忧,随后谷歌也声明该系统会采取措施让人类能识别其身份。针对图灵测试还有一个有名的质疑实验——1980年提出的中文屋实验:让一个只懂英语的人待在一个有中文翻译书的房间里,房间外的人通过用中文卡片来提问,屋内的人则借助中文翻译书来翻译文字并用中文以卡片的形式回复,这个过程就会让房间外的人认为屋内的人是懂中文的。这个实验想表明即便通过了图灵测试,机器也不见得有智能。当然,这个实验用于否定图灵测试还有些牵强,存在许多争议,比如图灵测试是用于机器智能的判定,而中文屋实验则表明机器智能并不能表明机器具备理解能力,不能进行独立思考。这里其实是提出了人工智能到底是希望设计一个外在行为像人的机器还是真正理解智能的机器。

真正标志着人工智能诞生的,是 1956 年 8 月在美国达特茅斯学院召开的一次学术会议,会议的主要参与者有 10 个人,对什么是智能以及如何通过计算来实现智能进行了广泛而深入的讨论。这之后,人工智能就进入了发展的黄金期。其中,麦卡锡和明斯基两人共同创建了世界上第一个人工智能实验室——麻省理工学院人工智能实验室(MIT AI Lab)。很多人工智能实验室也相继建立,一些成就也相应涌现出来。

1956 年,达特茅斯会议参会者之一,IBM 工程师亚瑟·塞缪尔(Arthur Samuel)编写了一套西洋跳棋程序,该程序 1962 年战胜了美国康涅狄格州的跳棋冠军。另两位会议的参与者艾伦·纽威尔(Alan Newell)和赫伯特·西蒙(Herbert Simon)研发的"逻辑理论家"(Logic Theorist)在 1956 年证明了《数学原理》一书中全部 52 条定理中的 38 条。他们也是人工智能符号主义的代表人物。符号主义(symbolism),也称为逻辑主义(logicism)或心理学派(psychologism),提出了物理符号系统假设,基于逻辑推理的方法来模拟人的智能行为,对符号进行操作,认为只要在符号计算上实现了相应的功能,那么现实世界就实现了对应的功能。

1957 年,弗兰克·罗森布拉特(Frank Rosenblatt)发明了感知机(perceptron)。它是罗森布拉特受到生物神经元的启发,通过模拟人脑的方式建模而发明的,成为人工神经网络(ANN,artificial neural network)中神经元的最早模型。1958 年,罗森布拉特用实验方式演示了用标识向左和向右的 50 组图片训练感知机,结果是在没有任何人工干预的情况下,感知机能够判定出图片标识是向左还是向右。《纽约时报》于 1958 年 7 月 8 日还报道了这一研究成果,题目为"海军新设备在做中学"(New navy device learns by doing),报道中称"感知机将能够识别出人,并能叫出他们的名字,而且还能把人们演讲的内容即时地翻译成另一种语言或记录下来"。感知机属于人工智能中的连接主义(connectionism)。连接主义也称为仿生学派(bionicsism)或生理学派(physiologism),主要是指模拟生物神经元和大脑的行为进行学习的算法。

1966 年,麻省理工学院人工智能实验室推出了第一个真正意义上的聊天程序 Eliza,一些心理学家和医生还想请它为人进行心理治疗。不过当时的自然语言处理技术是远不及今天的,Eliza 其实只是通过在对方的语言中进行关键词扫描,然后为匹配到的某些关键词配上合适的对应词,造一个句子进行对话。遇到陌生的话,Eliza 就采用通用的回答,它并没有对句子进行理解,只是编排得很巧妙。

这些,在当时引来了人工智能发展的第一个高潮,科学家也开始乐观起来,认为很快人工智能将会完成人可以做到的一切工作。然而随着研究向前推进,由于计算机硬件的限制,加上没有大量的数据供机器学习,人工智能的发展遇到了瓶颈。人们看到许多成果只是机房里的游戏,远不能解决实际问题。明斯基(也是罗森布拉特的同事兼高中同学)和另一位教授合作,在 1969 年出版了《感知机:计算几何学》一书。书中详细论述了感知机和神经网络的局限性,并指出连基本的异或问题(也称为线性不可分问题)都解决不了,直接导致了神经网络研究的消沉。还有其他一些事件,导致很多机构逐渐停止了对人工智能研究的经费资助。从 1974 年到 1980 年就成了人工智能发展的第一个低谷期。

在 20 世纪 70 年代,一些专家系统的应用程序开始出现。它实际上就是一套计算机程序,聚焦于某个专业领域,将人类专家的知识和经验变成数据形式录入后,可以模拟人类专家进行该领域的知识解答,人工智能开始从理论研究走向实际应用。比如,1972 年由斯坦福大学研制的 MYCIN 系统,可以用于帮助医生对住院的血液感染者进行诊断和选用抗生素类药物进行治疗。1978 年卡内基-梅隆大学开发的 R1 程序,也称为 XCON(eXpert CONfigurer),基于产生式系统,能按照用户需求,帮助美国数字设备公司(DEC)为 VAX 型计算机系统自动选择组件。它通过减少技师的出错概率、提高组装效率和提升客户满意度,每年为 DEC 节省约 2500 万美元。XCON 的成功引得当时众多公司效仿。我国在 1978 年也把“智能模拟”作为国家科学技术发展规划的主要研究课题,并于 1981 年成立了中国人工智能学会。

进入 20 世纪 80 年代后,计算机的性能得到了大幅提高,基于复杂规则的专家系统可以流畅运行。随着专家系统的成功,人工智能发展迎来了第二次热潮。在当时,制定专家系统运行规则的知识工程师就如同今天的数据科学家一样,成为炙手可热的职业。

与此同时,连接主义也有了新的发展。前面提到的阻碍感知机发展的异或问题,也得到了解决。1982 年,霍普菲尔德(Hopfield)提出了一种新型的神经网络。它以一种全新的方式进行学习和信息处理,可以解决一大类模式识别问题,还可以给出一类组合优化问题的解。这种神经网络后来就被称为 Hopfield 神经网络(HNN)。1986 年,反向传播(BP,back propagation)算法被提出,较好地解决了多层感知机自我学习中的一些问题,也使得多层人工神经网络的结构成为一种固定模式,人工神经网络也进入了兴盛期。20 世纪 80 年代后期到 90 年代早期,基于人工神经网络的自动驾驶技术、手写数字识别技术也得到了应用。其中,杨乐昆(Yann LeCun)等人于 1989 年发表论文 *Backpropagation Applied to Handwritten Zip Code Recognition* 中实现了 LeNet 的雏形——卷积神经网络(CNN convolutional neural networks)。

另外,符号主义在这一期间引入了统计学思路。比如,1986 年,昆兰(Quinlan)提出了符号主义的一种重要算法——决策树。在现在的机器学习和数据挖掘中,也依然会经常采用这种算法。隐马尔可夫模型(HMM,hidden Markov model)的发展使得语音识别技术也有了较大的突破。

然而,好景不长,首先是 20 世纪 80 年代后期,专家系统的缺点开始体现:高昂的维护费用、难以升级、难以使用,以及实用性仅局限于特定场景等缺点开始凸显。1987 年,AI 的硬件市场需求由于受到 Apple 和 IBM 台式机的冲击而大幅下降,AI 领域再次遭遇财政危机。1991 年,BP 算法被指出存在梯度消失问题,给当时人工神经网络的发展浇了一瓢冷水。1987 年至 1993 年被认为是人工智能的第二次低谷期。

这期间,一些人受到心理学流派的影响,认为行为是有机体用以适应环境变化的各种身体反应的组合,基于控制论和感知行动的控制系统,开始研究偏向于应用和模拟智能行为的智能控制和智能机器人系统，形成了行为主义（actionism）流派（也称为进化主义（evolutionism）或控制论学派（cyberneticsism））。控制论将神经系统、信息理论、控制理论和计算机技术联系了起来，这一学派的代表是布鲁克斯（R. A. Brooks）。他提出了用一群可靠性不太高的小机器人来代替可靠性高但昂贵的大型机器人来完成巡航任务的想法。行为主义的出现使人工智能技术形成了三足鼎立的局面。

到了 20 世纪 90 年代中期，计算机性能的提高和互联网技术的快速发展，加快了人工智能技术的发展，人工智能迎来了第三次高潮。1997 年，IBM 的超级计算机"深蓝"，击败了国际象棋世界冠军卡斯帕罗夫（Kasparov）引起了世界的关注。于 1998 年由杨乐昆等人提出的 LeNet-5 被当时美国大多数银行用来识别支票上面的手写数字。LeNet-5 也是早期卷积神经网络中最具代表性的系统之一。

这期间，各种浅层的机器学习算法被提出或得到发展，使得机器能自主从数据特征中学习规律，人工智能技术又受到关注。但是在 20 世纪 90 年代到 21 世纪很长一段时间内，以支持向量机（SVM，support vector machine）为首的浅层机器学习算法一直占据着人工智能技术研究的主导。2006 年，多伦多大学的教授杰弗里·辛顿（Geoffrey Hinton）提出了深度学习（deep learning）的概念，并迅速取代 SVM 成为研究热点。

2007 年，斯坦福大学华裔女科学家李飞飞发起了 ImageNet 计算机视觉系统识别项目，建立了庞大的图像识别数据库——包含 1400 多万张图片的数据和 2 万多个类别。自 2010 年开始，ImageNet 大规模视觉识别比赛（ILSVRC，ImageNet Large Scale Visual Recognition Challenge）连续举办了 8 年，对深度学习的发展起到了极大的推动作用。在这一期间，诞生了许多优秀的深度学习模型结构，加速了人工智能的商业应用和产业化。2017 年之后，Kaggle 接手了 ImageNet 的视觉识别比赛项目。

深度学习不仅在图像处理领域取得了巨大成功，在其他方面也同样大放异彩。2016 年 3 月，谷歌 DeepMind 团队开发的 AlphaGo 围棋机器人战胜了世界围棋冠军李世石，成为人工智能领域最受关注的成就之一。AlphaGo 主要使用了蒙特卡罗树搜索和融合了深度学习的强化学习技术。蒙特卡罗树搜索属于符号主义，深度学习属于连接主义，而强化学习则属于行为主义。可见，人工智能的发展也必然会带来技术之间的相互影响、相互融合和相互促进。

现在人工智能技术已经得到了大量关注和追捧，国内外众多公司都投入人工智能的研究之中，无论是与人工智能相关的硬件、基础算法还是通用框架，都得到了空前的发展，人工智能技术也被认为是引领新一轮科技革命的重要组成部分。

◀ 1.2 人工智能的应用 ▶

从人工智能的发展历史就能看出，人工智能技术是一门交叉学科，它涉及认知科学、脑科学、心理学、计算机科学、统计科学、逻辑学、控制论、哲学等诸多领域。人工智能的应用也可以说几乎渗透任何领域，比如智能制造、智能交通、智能家居、智慧医疗、智慧养老、智慧金融、智慧农业、智慧教育等。现在，针对人工智能和传统行业的融合而提出的 AI＋，代表了一种新的经济增长形态，将进一步推动人们生活方式、社会经济、产业模式、合作形态等各方面的发展。

通俗来讲,人工智能就是让机器"能听、能说、会看、可以理解和思考",所以下面从智能语音、机器视觉、自然语言处理三个方面来介绍一下人工智能的应用。这三个方面也被认为是人工智能的三大主要技术方向,是我国目前市场规模较大的商业化技术领域。

1.2.1　智能语音

智能语音处理(intelligent speech processing)主要体现在语音识别(voice recognition)、语音增强(speech enhancement)和语音合成(speech synthesis)等几个主要方面。

语音识别通常又分为声纹识别(voiceprint recognition)和说话内容识别(speech content recognition)两类。两者的原理和实现方法都相似,只是提取的参数和训练的目标不同。语音信号通常是以波形编码的方式存储和传输的,在进行识别之前,需要进行预处理和特征提取两个步骤。预处理一般是采用滤波之类的方法来对语音信号进行提升和增强。传统的特征提取大多是将语音信号看作是短时平稳信号,提取短时间段内的语音特征参数,比如能量、过零率、共振峰参数、线性预测系数、梅尔频率倒谱系数等。然后再用聚类(clustering)或者隐马尔可夫模型等模式识别的方法和模板库中的数据进行比对输出识别结果。传统的经典模型之一就是 HMM-GMM 模型。

近年来,深度学习技术被应用于语音识别领域大大提高了语音识别的正确率,长短时记忆(LSTM,long short-term memory)模型的循环神经网络因为可以记忆长时信息,能较好地处理语音识别中需要借助上下文的信息,成为目前语音识别中应用最广泛的一种结构。

在声纹识别方面,研究多集中在基于深度学习的说话人信息方面的特征提取上。在深度神经网络的基础上,时延神经网络(TDNN,time delay neural network)被提出。各种模型结构都逐渐成熟,不过也暴露出易受攻击等问题。

语音增强主要是指尽可能地去除混杂在语音信号中的各种噪声干扰,提高语音的清晰度和可懂度,提升音质和人耳的听觉感受。传统的方法有卡尔曼滤波(Kalman filter)法、自适应滤波(adaptive filter)法等方法。现在,基于深度学习的模型融合增强方法等算法陆续被提出,并显示出了更好的效果。另外,也有人通过在用于语音识别的语音增强领域结合说话者的嘴唇和面部视觉信息来提高嘈杂环境下的语音识别率。基于注意力机制的模型也越来越多地应用于语音识别系统。在应用层面,远场语音识别(far-field speech recognition)、跨语种和多语种语音识别(cross-lingual and multi-lingual speech recognition)等也开始成为研究热点。

在语音合成方面,从早期的基于波形拼接的语音合成方法,发展到基于参数的语音合成方法,尤其是基于隐马尔可夫模型的可训练语音合成方法取得了较好的效果。而深度学习的出现,使用深度神经网络代替其中的隐马尔可夫模型部分,直接预测声学参数,进一步增强了合成语音的质量。谷歌 2016 年推出的基于深度学习的 WaveNet 系统,直接用音频信号的原始波形建模,逐点地进行处理,合成出了接近人声的自然语音,并且还能模仿其他人的声音和生成音乐。谷歌 2017 年推出的基于注意力机制的编码解码模型 Tacotron 也在语音合成方面取得了很好的效果,在速度上优于逐点自回归的 WaveNet 模型,并且能够实现由文本到语音的直接合成。

语音合成技术还包括语音转换(voice conversion)技术和情感语音合成(emotional

speech synthesis)技术,人工智能技术的引入同样为它们带来了性能上的突破。语音转换是指改变说话人的语音特征或者模仿其他人的语音特征;而情感语音合成则是让机器在和人对话时还能表达出不同的情感,比如有点不高兴、非常不高兴、非常愤怒等。语音转换和情感语音合成在原理上还是有许多相似之处的,比如说话人的风格里可能本身就包含着情感信息。一般通过将情感标签、说话人的风格特征等信息通过一个预处理网络嵌入原有网络中进行训练,合成时再通过对标签或者风格的控制来控制合成的效果。

1.2.2 机器视觉

机器视觉(robot vision)也称计算机视觉(computer vision),是研究如何对数字图像或视频进行高层理解的技术,赋予机器"看"和"认知"的能力,主要分为物体视觉(object vision)和空间视觉(spatial vision)两大部分。物体视觉在于对物体进行精细分类和鉴别;空间视觉主要在于确定物体的位置和形状,为进一步操控等动作做准备。

按照信号的处理顺序,机器视觉包括成像、传感器、图像处理、输出控制等模块。成像模块一般会配合传感器模块负责选取合适的信号源和信号通路,将物体信息加载到传感器上。比如选择一定波长的激光,形成相干回路,获取干涉条纹并投射到 CMOS 或 CCD 图像传感器上。再或者想用超声波信号,就选择合适的超声波产生和接收回路,转换为电信号后进行信号放大和 A/D 转换等。一旦获得了数字图像信号,就可以进行图像信息处理了。

机器视觉算法是对获取的图像信息进行处理的关键,也是视觉控制系统的重要基础。传统的图像处理步骤通常是提取图像的特征,然后使用机器学习中的决策树、k-NN、聚类等方法,用搜索技术去匹配数据库,进行特征比对,获取结果。而目前以深度学习为代表的图像处理方法正在大量取代传统处理方法。输出控制主要根据具体的应用内容而定。人工智能技术的赋能,使机器视觉的研究朝着"认知"的方向发展。

目前,机器视觉的主要研究方向和应用领域包括:物体识别和检测(object detection),图像分割(image segmentation),运动和跟踪(motion & tracking),视觉问答(VQA, visual question & answering)等。

物体识别和检测就是给定图片或者视频数据,机器能自动找出图片中的物体或者特征,并将所属类别及位置输出来。它又可细分为有人脸检测与识别(face detection and recognition)、自动光学检测(AOI, automated optical inspection)、目标定位(object localization)等。

图像分割包括语义分割(semantic segmentation)和实例分割(instance segmentation)。图像分割是指将图片或者视频中的能看到的内容都区分出来,是属于像素级别的分类。不过语义分割只将不同类别划分出来,而实例分割还需要将同一类别的每个实例区分出来。图 1.2 摘自微软 COCO 数据集,解释了机器视觉中的几个概念。

图 1.2(a) 的任务是图像分类和识别,具体就是识别图像中的人、羊和狗,输出标签内容;图 1.2(b)目标定位需要在图像中用方框标出不同类别对象的具体位置;图 1.2(c)语义分割在像素级别对图像进行了分类,对人、羊、狗还有背景在每个像素上都进行了划分,但是图中的羊在像素上都归为了同一类;图 1.2(d)实例分割不仅在像素上进行了分割,还标注了每一只羊的相关像素。

运动和跟踪也是机器视觉领域内的基本问题之一,主要用于视频图像处理中,在找到被

(a)图像分类　　　　　(b)目标定位　　　　　(c)语义分割　　　　　(d)实例分割

图 1.2　机器视觉常见的一些任务(摘自微软 COCO 数据集介绍论文)

跟踪物体后,在后续的视频中,需要适应不同的光照环境、运动模糊以及物体的表现变化等,持续地标出被跟踪物体的位置。

视觉问答是根据输入的图像来回答用户的问题。比如针对图 1.2,可以问图中有些什么。如果采用图像分类技术就可以回答出有人、羊和狗;而如果用了实例分割,还可以进一步回答出有 1 个人、5 只羊和 1 只狗。这类研究包含着图像和文本、语音等多种数据形态,也被称为多模态问题,类似的还有像看图说话一样的标题生成(caption generation)算法。

1.2.3　自然语言处理

自然语言处理(NLP,natural language processing)是指用计算机对汉语、英语、日语等人们日常使用的语言进行理解、转化、推理、生成等过程。它是实现人机自然交流的一项重要内容,也是体现机器智能的一个重要方面,不然在图灵测试中就不会考虑用对话的方法来判断是人还是机器了。通俗地说,自然语言处理是希望机器能像人一样,具备正常的语言理解和输出能力。

通常自然语言处理和智能语音处理是紧密关联的。识别了语音之后,为了进一步理解,就需要采用自然语言处理的相关技术,而自然语言处理完成后,常常也会采用语音合成的方式进行输出。为了区别于智能语音处理,这里自然语言处理主要指通过对词、句子、篇章进行分析,对里面的内容等进行理解,并在此基础上产生人类可以理解的语言格式。具体来说,自然语言处理包括自然语言理解(natural language understanding)和自然语言生成(natural language generation)两大部分,由此可以进一步产生一些更具体的技术,比如机器翻译、问答系统、阅读理解、机器创作等。

自然语言处理的难点首先在于数据大多都是非结构化的,而且语言规律非常复杂,语言可以自由组合,甚至发明创造一些新的表达方式。语言还存在着多样性和歧义性,很多时候语言的含义是和一定领域的知识、和上下文相关的。另外,语言还具有鲁棒性,有时就算出现错别字或者发音不标准,也不影响表达意图。

在算法实现上,自然语言理解早期是基于规则的,比如上下文无关文法(CFG,context free grammer)。后来出现了基于统计学的方法,比如支持向量机法等。随着深度学习的出现,又出现了许多基于深度学习的方法,这些也是目前表现较好的算法。这类算法首先通过词嵌入(word embedding)算法,比如 word2vec、BERT(bidirectional encoder representations from transformers)等,将每个输入的单词转换为词向量,然后用各种深度学习的模型进行训练,比如基于卷积神经网络、基于注意力机制的编解码模型(transformer)等。

自然语言生成早期通过简单的数据合并实现,后来采用模板化的方式输出结果,能动态地修改模板中的一些数据。现在更高级的方式能像人类一样,考虑上下文,理解意图,将结果以方便用户阅读和理解的方式生动地呈现出来。

◀ **思考与练习** ▶

1. 人工智能技术主要有哪三个流派？它们各有什么特点？

2. 请说说你身边基于人工智能应用的案例，并谈一下你心目中的人工智能应该是什么样子的。

3. 请列举几个开源的语音数据集和图像数据集。

4. 请分析一下常见的 WAV 音频文件和 BMP 图像文件的格式。

5. 列举并讨论人工智能技术对社会发展可能造成的负面影响。

第2章

知识的表示

知识是人类世界特有的概念,它有许多定义,通常认为知识是人在实践中对客观世界的认识,是一个抽象的概念,包括许多方面的内容,比如事实、信息描述、实践技能、归纳总结的客观规律、发现论证的推导等。知识可以看作是智能的基础,获取和运用知识是人类智能活动的主要体现。要想使用知识,首先就需要能够表示知识。任何知识组织方法都需要建立在知识表示的基础上,知识需要用适当的模式表示出来才能便于数字存储,才能进一步被计算机之类的硬件设备使用。人工智能所研究的就是使机器能够获取知识、运用知识。

本章将首先介绍知识与知识表示的概念,接着介绍人工智能中常用的各种知识表示方式,并通过实例来说明知识表示的具体应用。

◀ 2.1 知识与知识表示的概念 ▶

2.1.1 知识的概念

知识是人在长期的生活及社会实践中积累起来的对客观世界的认识和经验,它是把有关信息关联在一起所形成的信息结构,反映了客观世界中事物之间的关系。不同事物或者相同事物之间的不同关系就形成了不同的知识。

知识是用信息表达的,信息则是用数据表达的。有格式的数据经过处理和解释过程可以形成信息,而把有关的信息关联到一起,再经过处理过程就形成了知识。知识是人类经验、思想、智慧的存在形式。

2.1.2 知识的特性

知识具有以下特性。

(1)相对正确性。

任何知识都是在一定的条件及环境下产生的,在这种条件及环境下才是正确的。

(2)不确定性。

知识的状态并不只有"真"和"假"两种,还包括中间状态,即知识存在不确定性。这种不确定性可以由随机性、模糊性、经验以及不完全性引起。

(3)可表示性和可利用性。

知识可以用适当的形式表现出来,比如用语言、文字、图形、神经网络等。同时,知识是可以被利用的。

2.1.3 知识的表示

知识的表示是指将人类的知识形式化或者模型化,它可以是对知识的一种描述、一组约定,或者是一种能让计算机理解的数据结构等。

选择知识表示方法的原则包括:能充分表示领域知识;有利于对知识的利用;便于对知识进行组织、维护与管理;便于理解和实现。

常用的知识表示方法有谓词逻辑表示法、产生式表示法、语义网络表示法、框架表示法、状态空间表示法、问题规约法和面向对象的表示法等。

2.2 谓词逻辑表示法

命题逻辑(the propositional calculus)与谓词逻辑(the predicate calculus)是最早应用于人工智能的两种逻辑。谓词逻辑由命题逻辑发展而来,而命题逻辑可看作是谓词逻辑的一种特殊形式。

2.2.1 命题逻辑

命题(proposition)就是具有真假意义的陈述句。命题为真记为 T(true),为假记为 F(false)。命题一般用 P、Q、R 等字母表中靠后的大写字母表示。如果一个语句不能进一步分解成更简单的语句且是一个命题,则称此命题为原子命题(atomic proposition)。原子命题通过连接词(connective)连接起来,可以构成复合命题,用来表示更复杂的语义。

连接词有以下 5 个。

(1) ¬:非(negation),表示否定(not)。

(2) ∨:析取(disjunction),表示或(or)。

(3) ∧:合取(conjunction),表示与(and)。

(4) →:条件(condition),表示蕴含(implication)。$P{\rightarrow}Q$,表示 P 蕴含 Q,即若 P,则 Q,P 是 Q 的必要条件,但不一定是充分条件。P 为条件前项,Q 为条件后项。

(5) ↔:双条件(bicondition),表示等价(equivalence),$P{\leftrightarrow}Q$,表示 $P{\rightarrow}Q$ 且 $Q{\rightarrow}P$,即 P 等价于 Q。

证明两个命题是否等价,我们可以借助真值表来进行,如表 2.1 所示。

表 2.1　原始语句的真值表

P	Q	$\neg P$	$P \lor Q$	$P \land Q$	$P{\rightarrow}Q$	$P{\leftrightarrow}Q$
T	T	F	T	T	T	T
T	F	F	T	F	F	F
F	T	T	T	F	T	F
F	F	T	F	F	T	T

注:$P{\rightarrow}Q$ 中,是"如果…那么…"的关系,并不是"因为…所以…"的关系,所以,如果 P 是假的,那么 Q 的真假就不一定。

比如,P:你在教室里。Q:你在学校里。

如果你在教室里,那么你在学校里。(可能,所以这句话为真。)

如果你在教室里,那么你不在学校里。(不可能,所以这句话为假。)

如果你不在教室里,那么你在学校里。(可能,所以这句话为真。)

如果你不在教室里,那么你不在学校里。(可能,所以这句话为真。)

再比如,如果你喜欢的女生对你说,如果"人工智能及其应用"这门课你考试超过 90 分,她就答应做你女朋友,那么就只有一种情况可以证明她说这句话是在骗你,那就是你考了 90 多分,她还是不答应做你女朋友。其他情况,比如你只考了 60 分,她不答应做你女朋友也好,她答应做你女朋友也好,都不能说明她说的那句话是假的。换句话说,就是:如果她答应做你女朋友这件事已经出现,那么你考多少分都无所谓;如果她不答应做你女朋友,那就一定是你没好好学习,考试没有超过 90 分。

连接词是具有优先级的,¬ 的优先级最高,↔ 的优先级最低,可以通过使用括号( )、[ ] 来控制顺序,这样就可以构成合法的表达式。这种表达式又称为合式公式(WFF,well-formed formula)。

我们可以用一些性质定律帮助进行命题逻辑运算,通过等价变换来代替真值表证明两个表达式的等价性。以下为一些常见的等价性。

(1) 双重否定表示肯定:$\lnot(\lnot P) \leftrightarrow P$。

(2) 换质换位定律(逆反律):$(P \to Q) \leftrightarrow (\lnot Q \to \lnot P)$。

(3) 德·摩根定律:$\lnot(P \lor Q) \leftrightarrow (\lnot P \land \lnot Q)$ 和 $\lnot(P \land Q) \leftrightarrow (\lnot P \lor \lnot Q)$。

(4) 交换律:$(P \lor Q) \leftrightarrow (Q \lor P)$ 和 $(P \land Q) \leftrightarrow (Q \land P)$。

(5) 结合律:$((P \lor Q) \lor R) \leftrightarrow (P \lor (Q \lor R))$ 和 $((P \land Q) \land R) \leftrightarrow ((P \land Q) \land R)$。

(6) 分配律:$P \lor (Q \land R) \leftrightarrow (P \lor Q) \land (P \lor R)$ 和 $P \land (Q \lor R) \leftrightarrow (P \land Q) \lor (P \land R)$。

(7) 等价律:$(P \leftrightarrow Q) \leftrightarrow (P \to Q) \land (Q \to P)$。

早期的人工智能程序"逻辑理论家"就是用这些表达式之间的恒等变换,证明了《数学原理》中的很多定理。

2.2.2　谓词逻辑

1. 谓词与个体

谓词逻辑中,原子命题被分解为谓词和个体两个部分。它不像命题以一个句子为基本单位,而是通过一个谓词来描述个体之间的关系,这样就可以对命题的各个部分进行判断、断言。另外,通过推理规则,还可以推理出新的语句。

谓词(predicate)用于刻画个体的性质、状态或个体之间的关系。个体指可以独立存在的物体,可以是抽象的,也可以是具体的。谓词逻辑中,个体既可以是常量,也可以是变量或函数,这样就能方便地建立更通用的断言。个体变量的取值范围称为个体域。比如,我们可以声明 x 为某一周的一天。

谓词的表示方式为:

$$P(x_1, x_2, \cdots, x_n)$$

P 表示谓词的符号,也称谓词名。通常,人为地约定一些命名规则。一般约定,谓词用字母及以字母开头的字母数字串表示,除了下划线(_)外,其他字符不可用,建议使用具有相应意义的英文单词,不过也可以用其他符号,比如用中文表示也行。

$x_1, x_2, \cdots, x_n$ 是个体,谓词中包含的个体数目称为谓词的元数,比如 $P(x, y)$ 是一个二元谓词。个体是常量的谓词语句,就是原子语句。比如 EQUAL(PLUS(2,3),5) 就是一条值为真的原子语句。

2.谓词的语法和语句

谓词公式是用连接词、量词及圆括号将一些原子谓词连接起来的字符串。

连接词和命题逻辑中使用的连接词完全相同。

量词包括全称量词 $\forall$ 和存在量词 $\exists$ 两种,用来约束包含的变量的特征。$\forall x$ 表示对于个体域中的所有(或任意一个)个体 x。$\exists x$ 表示在个体域中存在个体 x。量词的辖域为量词后面的单个谓词或者用括号括起来的谓词公式。辖域内与量词中同名的变量称为约束变量,不受约束的变量则为自由变量。

下面是一些谓词公式用法的例子:

$(\forall x)(\forall y)\text{FRIEND}(x,y)$,表示对于个体域中的任何两个个体 x 和 y,都是朋友。

如果星期一不下雨,小王会去登山。

$\neg \text{WEATHER}(rain,monday) \rightarrow \text{GO}(Xiaowang,mountains)$

所有篮球运动员都很高。

$(\forall x)(\text{BASKETBALL\_PLAYER}(x) \rightarrow \text{TALL}(x))$

没人喜欢考试。

$\neg (\exists x)\text{LIKES}(x,test)$

3.谓词公式的性质

谓词公式在个体域上的每一个解释都可以求出一个真值(T 或 F),进一步还有谓词公式永真性、可满足性(相容的)、不可满足性(不相容的、永假的)、等价性的定义。

永真蕴含:如果 $P \rightarrow Q$ 是永真的,则称公式 P 永真蕴含 Q,或称 Q 是 P 的逻辑结论,P 是 Q 的前提,记为 $P => Q$。

比如,假设你喜欢的女孩对你承诺,如果你"人工智能"考试分数大于或等于 0 分,她就答应做你女朋友,谓词公式可以这么写,$(\forall score)\text{GTEQ0}(score) \rightarrow \text{GF}(theGirl)$,那么就可以恭喜你,参加完"人工智能"考试,你就有女朋友了。这里其实就可以用永真蕴含的符号,因为 P 永远都为真。

再比如,$(\exists x)(P(x) \wedge \neg P(x))$ 就是永假的、不一致的。

相容:$(\exists d)P(d)$,也称 d 可满足 P。

谓词公式中还有以下一些常用推论:

P 相容 $\leftrightarrow (\neg P)$ 非永真;

P 不相容(P 永假)$\leftrightarrow (\neg P)$ 永真;

P 永真 $=> P$ 相容;

P 不相容(P 永假)$=> P$ 非永真。

4.推理

常见的推理规则如下。

取式假言推理:$P,P \rightarrow Q => Q$,表示如果 P 和 $P \rightarrow Q$ 都是真的,那么可以推断 Q 为真。

拒式假言推理:$\neg Q,P \rightarrow Q => \neg P$,表示如果 Q 是假的,$P \rightarrow Q$ 为真,那么可以推断 P 是假的,$\neg P$ 为真。

与消除：可以根据与的关系判断其中某项的真假，比如如果 $P \wedge Q$ 为真，那么就可以推断 P 和 Q 都是真。

与引入：可以根据与语句每一项的关系判断该语句的真假，也就是如果知道 P、Q 都是真，那么就可以推断 $P \wedge Q$ 为真。

全称例化（universal instantiation）：如果 a 来自 x 的定义域，那么从 $(\forall x)P(x)$ 可以推断 $P(a)$。比如常见的三段论"所有人都会死，苏格拉底是人，所以苏格拉底会死"就是全称例化。用谓词逻辑表示就是：$\forall x(\mathrm{MAN}(x) \to \mathrm{MORTAL}(x))$，$\mathrm{MAN}(\mathrm{Socrates})$，$\mathrm{MAN}(\mathrm{Socrates}) \to \mathrm{MORTAL}(\mathrm{Socrates})$。

合一（unification）算法：可以被自动问题求解器用来将用全称量词修饰的 x 替换为它的一个实例，比如上例中的 Socrates。它是一种判断什么样的替换可以使产生的两个谓词演算表达式匹配的算法。

为了做到这一点，要求所有的变量都是全称量化变量，这样才能允许在计算替代时有完全的自由度。如果有存在量化变量，就要想办法消除，通常采用的消除方法是用使这个语句为真的常量来代替它。

◀ 2.3　产生式表示法 ▶

1943 年，美国数学家波斯特（E. Post）首先提出产生式的概念。

1972 年，纽威尔和西蒙在研究人类的认知模型中开发了基于规则的产生式系统。

目前产生式表示法已经成为人工智能中广泛应用的一种知识表示模式，尤其是在专家系统方面。

产生式通常用于表示具有因果关系的知识，用于表示事实、规则以及它们的不确定性度量，尤其适合用于表示事实性知识和规则性知识。

事实性知识产生式表示举例如下。

老李和老王是朋友：(friend, Li, Wang)。

老李和老王可能是朋友：(friend, Li, Wang, 0.8)。

规则性知识产生式的基本形式是 $P \to Q$ 或 IF P THEN Q。其中，P 是产生式的前提，表明了该产生式是否可用的条件。P 可以由 AND、OR、NOT 组合的逻辑表达式构成。Q 是结论或操作，表明 P 条件满足时，应得出的结论或该执行的动作。

产生式和蕴含式的不同点在于：蕴含式是一个谓词公式，只能表示精确的知识，即只能表示真或假，它可以看作是产生式的一个特例；产生式不是谓词公式，其前提条件和结论可以是不确定的，所以它不仅可以表示精确的知识，也可以表示不精确的知识，比如置信度。产生式匹配既可以是精确匹配，也可以是近似匹配。

产生式也不同于程序设计中的条件语句，它可以比条件语句更复杂。

例如某条产生式规则如下。

r3：IF 发烧 AND 咳嗽 THEN 肺炎(0.5)。

它表示如果出现发烧并且咳嗽，那么就有 50% 的可能性是得了肺炎。

一个产生式生成的结论可以供另一个产生式作为已知事实使用，把一组产生式组合在一起,相互配合、协同作用,就构成了产生式系统。产生式系统可以看作是一个简单的专家系统。

产生式系统一般由如图 2.1 所示的 3 个部分组成。

图 2.1　产生式系统的基本结构

(1)规则库。

规则库是用于描述相应领域内的知识的集合,存放的主要是过程性知识,用于实现对问题的求解。

(2)综合数据库。

综合数据库又称为事实库、上下文、黑板等,用于存放问题求解过程中各种当前信息的数据结构。

(3)推理机。

推理机又称为控制系统,由一组程序组成,负责整个产生式系统的运行,实现对问题的求解。它包含推理方式和控制策略。

控制策略就是确定应该选用什么规则或如何应用规则,通常包括匹配、冲突解决和操作三个方面。

匹配就是将当前综合数据库中的事实与规则库中的条件进行比较。因为可能同时有好几条规则的前提条件与事实相匹配,究竟该选哪一条规则,要进行规则冲突解决。

冲突解决的策略有很多种,比较常见的有以下四种。

专一性排序:如果某条规则条件部分规定的情况比另一条规则条件部分规定的情况更具有针对性,那么该条规则就具有较高的优先级。

规则排序:规则库中规则的编排次序本身就表示了规则的启用次序,也就是说在制定规则库时就已经考虑到优先级了,按照编排次序来选用规则。

规模排序:优先使用较多条件被满足的规则。

就近排序:把最近使用的规则放在优先的位置,也就是最近经常被使用的规则优先级设定为较高。

操作就是执行规则。如果是结论,将结论加入综合数据库中;如果是操作,则执行该动作。对于不确定性知识,在执行每一条规则时还要按一定的算法计算结论的不确定性。经过操作以后,当前综合数据库将被修改,其他的规则也有可能被启用。

在第 1 章中提到的用于医疗领域的 MYCIN 系统,拥有 500 多条规则,可以进行简单的推理,推理所用的知识就是用相互独立的产生式表示。这种产生式系统基本具有固定的知识表达方式和控制结构,与应用领域不相关。所以同样采用这种方式,后来设计出了用于建造专家系统的 EMYCIN。1978 年卡内基-梅隆大学开发的 XCON 也基于产生式系统。它大约有 2500 条规则,截至 1986 年,共处理了约 80 000 条指令,准确率达到 95% 以上,以至于当时引发了人工智能的第二次兴起。

后面将要介绍的其他一些知识表示方法也常常使用产生式系统的推理过程进行推理和求解。

2.4　语义网络表示法

假设有这么一条知识:如果一只鸟是乌鸦,那么它就是黑色的。(乌鸦是黑色的。)写成谓词逻辑为:$\forall x (\mathrm{CROW}(x) \to \mathrm{BLACK}(x))$。其等价形式为:$\forall x (\neg \mathrm{BLACK}(x) \to \neg \mathrm{CROW}(x))$。

现在,要找一些证据证明这个知识是对的,比如,你想用反向推理进行证明,于是你找到一个事实——"翠鸟不是黑色的",它不是乌鸦,用它作论据是没毛病的。但是如果你用"这本书不是黑色的,它不是乌鸦"当作论据,逻辑上没问题,但显然不太合适。实际上,人类的知识还蕴含了关联性,乌鸦和鸟、翠鸟都是有关联的,而书和鸟的颜色没有关系。

所以我们引入另外一种知识表示方法——语义网络(semantic net)表示法。

语义网络是通过概念及其语义关系来表示知识的一种网络图。它是一个带标注的有向图,如图 2.2 所示。有向图的各节点用来表示各种概念、事物、属性、情况、动作、状态等。节点的标注用来区分各节点所表示的不同对象。每个节点可以带有若干属性,以表征其所代表的对象的特性。弧是有方向和标注的。弧线的方向体现节点间的关系,弧线上的标注表明某种语义关系或语义联系。节点还可以是一个语义子网络。

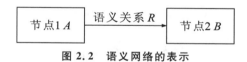

图 2.2　语义网络的表示

2.4.1　语义网络中常见的语义关系

复杂的语义关系是通过对简单的语义关系进行关联来实现的。以下是一些常见的简单语义关系。

(1)隶属关系:ISA(is a)表示一个,AKO(a kind of)表示一种,AMO(a member of)表示一员,具有继承性。

(2)部分与整体的关系:Part-of,不具有继承性。

(3)位置关系:Located,不具有继承性。

(4)属性关系:Have、Can,不具有继承性。

(5)构成关系:Composed-of,不具有继承性。

(6)时间关系:Before,After。

(7)因果关系:If-then。

(8)逻辑关系:包括合取 $\wedge$、析取 $\vee$、非 $\neg$ 等,以及全称量词 $\forall$ 和存在量词 $\exists$。

2.4.2　用语义网络表示知识的步骤

(1)确定问题中所有的对象以及各对象的属性。

(2)分析并确定语义网络中所讨论的对象间的关系。

（3）根据语义网络中所涉及的关系,对语义网络中的节点及弧进行整理,包括增加节点、弧和归并节点等。

（4）分析检查语义网络中是否含有要表示的知识中所涉及的所有对象,如果有遗漏,则补全,并将各对象间的关系用网络中各节点间的有向弧表示,连接形成语义网络。

（5）根据第（1）步的分析结果,为各对象标识属性。

例 2.1 请用语义网络表示以下知识。

动物能吃、能运动。

鸟是一种动物,鸟有翅膀,会飞。

鱼是一种动物,鱼生活在水中,会游泳。

解 根据给出的知识,不难得到如图 2.3 所示的语义网络。

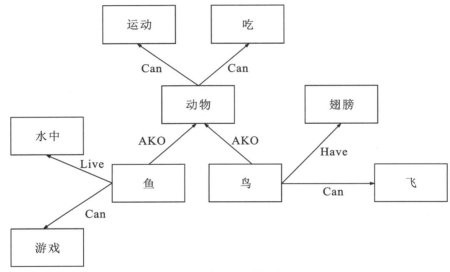

图 2.3　语义网络示例

2.4.3　语义网络表示下的推理过程

推理一般有两种方法,一种是匹配推理,另一种是继承推理。

1. 匹配推理

根据提出的待求解问题,构造一个局部语义网络或语义网络片段,其中的没有标注的节点或者弧表示待求解的问题,称为未知处。根据局部语义网络或语义网络片段到知识库中寻找可匹配的语义网络,以便求得问题的解。匹配可以是近似匹配。匹配成功后,和未知处相匹配的事实就是问题的解。

2. 继承推理

继承可分为值继承和过程继承。值继承也称属性继承;过程继承也称方法继承(借助OOP(object oriented programming)概念),表示下层属性值采用继承的计算方法计算得到。

例如,要推理"鱼生活在哪里?",构造如图 2.4 所示的语义网络片段,到知识库中进行匹配,即可得知鱼生活在水里。

图2.4　语义网络片段示例

2.5　框架表示法

2.5.1　框架的定义及组成

1975 年美国明斯基提出了用框架(frame)来表示知识的方法。

框架是一种描述所论对象属性的数据结构。它能直观清楚地展示组织好的数据结构，同时还能表达出对象之间隐含的信息连接。它以层次化的方式将知识组织起来，是一种结构化表示法。一个框架由若干个槽(slot)组成，每个槽又可划分为若干个侧面(aspect)，每个侧面可以有若干个值(value)。槽用于描述所论及对象的某一方面的属性，侧面用于描述相应属性的一个方面。槽值和侧面值可以是逻辑型、数字型或字符串，也可以是程序、条件、默认值或子框架等。

框架由框架名、槽、侧面和值 4 个部分组成，如下所示。

```
< 框架名 >
槽名 1：侧面名 1：值 1，值 2，…，值 p1
        侧面名 2：值 1，值 2，…，值 p2
        侧面名 3：值 1，值 2，…，值 pm1
槽名 2：侧面名 1：值 1，值 2，…，值 q1
        侧面名 2：值 1，值 2，…，值 q2
        侧面名 3：值 1，值 2，…，值 qm2
……
约束条件 1，约束条件 2，…，约束条件 n
```

以下通过一些示例来说明框架的内容和表示方法。

例 2.2　硕士生框架。

```
框架名：< 硕士生 >
        姓名：格式(姓名)
        性别：范围(男，女)
            默认：男
        出生年月：格式(年/月)
        专业：格式(专业)
        研究方向：格式(研究方向)
        导师：格式(姓名)
        项目：范围(国家级，省级，市级)
            默认：省级
        论文：范围(SCI，EI，核心，一般)
            默认：核心
        地址：< 地址框架 >
        联系方式：手机号码格式(数字)
            邮箱格式(邮箱地址)
```

其中,格式在英文中常用"Unit"表示,指出填写槽值或侧面值时的格式,例如姓名槽应先写姓后写名;范围常用"Area"表示,指出所填的槽值仅能在指定的范围内选择。默认值(Default)用来表示当相应槽没填入槽值时,以默认值作为槽值。尖括号"<>"用来表示由它括起来的是框架名。

进一步,当知识结构比较复杂时,往往需要将多个框架相互关联。比如在大学校园里,不单要表示硕士,还有其他类型的学生需要表示。这时可以根据各种学生所共有的属性建立一个学生框架:将硕士等其他类型学生作为其子框架来使用,如图 2.5 所示。

学生框架:

```
框架名:<学生>
        姓名:格式(姓名)
        学号:学号格式(数字)
        性别:范围(男,女)
            默认:男
        出生年月:格式<年/月>
                If-Needed:询问出生年月
        地址:< 地址框架>
        联系方式:手机号码格式(数字)
                邮箱格式(邮箱地址)
                If-Needed:询问邮箱账户名
```

继承了学生框架属性的硕士生框架:

```
框架名:<硕士生>
        AKO:<学生>
        专业:格式(专业)
        研究方向:格式(研究方向)
        导师:格式(姓名)
        项目:范围(国家级,省级,市级)
            If-Needed:询问项目
            If-Added:检查项目
        论文:范围(SCI,EI,核心,一般)
            默认:核心
```

框架的属性继承通过一个系统预先定义好的标准槽名 AKO 来反映。常用的标准槽名还有 ISA、Subclass、Instance、Part-of、Infer、Possible-Reason 等。

框架的继承通常由框架中设置的三个侧面——Default、If-Needed、If-Added 来组合实现。框架之间的纵向联系通过 ISA、AKO 等来实现,横向联系可以通过一个框架的槽值或侧面值可以是另外一个框架的名字来建立。If-Needed 用于指示系统可以通过调用该侧面的值所对应的过程来获取数据;If-Added 用于如果槽值发生变化,则调用该侧面的值对应的过程来完成其他相关槽的后继处理。

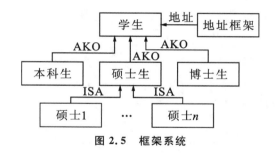

图 2.5 框架系统

2.5.2 框架表示法的特点及应用方法

框架表示法具有以下一些优点。

(1)结构性。

框架表示法善于表达结构性的知识,能够把知识的内部结构关系及知识间的联系表示出来。

(2)继承性。

在框架网络中,下层框架可以继承上层框架的槽值,也可以进行补充和修改。这样不仅减少了知识冗余,而且还较好地保证了知识的一致性。

(3)自然性。

框架表示法体现了人们在观察事物时的思维活动,与人们的认知活动一致。当一个人遇到新的情况时,他会从记忆中选择一种结构,即框架,按照需要改变其细节去拟合真实情况。

框架表示法的主要缺点就是不善于表达过程性知识。

框架表示法用于知识的推理还是比较方便的,下面先来看一个例子,然后再来介绍用框架进行推理的方法。

例 2.3 请用框架表示法表示以下感冒处方知识。

如果出现发烧、咳嗽、流鼻涕,那么 80% 的可能性是感冒了。感冒的治疗方法是服用感冒清胶囊 1 日 3 次,每次 2~3 粒,注意事项是多喝开水,预后情况良好。

解 (1)确定属性,即框架的槽。知识表述的是疾病的判断和治疗方法,处方中记录的是出现的各种症状,以及由此得到的结论。结论中包含判断的疾病名及可信度,并给出了治疗方法、注意事项及预后情况。

(2)确定对象间的关系。分析可以看到处方结论是根据症状推断出来的,所以使用一个 Infer 槽,将诊断规则和结论联系起来。

```
框架名:<感冒诊断规则>
    症状 1:咳嗽
    症状 2:发烧
    症状 3:流鼻涕
    Infer:<感冒结论>
    可信度:0.8
```

框架名:<感冒结论>
　　　　病名:感冒
　　　　治疗方法:服用感冒清胶囊 1 日 3 次,每次 2～3 粒
　　　　注意事项:多喝开水
　　　　预后:良好

有了以上用框架表示的知识以后,当有新的病人出现时,就创建一个诊断规则框架实例,把病人的已有信息填入槽中,当前 Infer 槽就是待求解的问题。接着就可以将该病人的框架与知识库里的各诊断规则框架就槽名和槽值进行匹配。匹配过程中,得到的结果可能不完全匹配,根据设定的匹配条件,找到 1 个或几个预选框架作为初步假设,比如找到了感冒的框架知识,还找到了肺炎的框架知识。然后在初步假设的基础上,进一步收集信息,比如血常规信息。最后使用一种评价方法对预选框架进行评价,比如根据可信度值,决定是否接受预选框架。如果接受,则将预选框架的相应内容匹配到病人诊断规则中的未知处,从而得到对应的结论作为输出。

◀ 2.6　状态空间表示法 ▶

以状态空间(state space)的形式对问题进行表述,是以状态(state)和算符(operator)为基础的。

状态是为描述某类不同事物间的差别而引入的一组变量 $q_0, q_1, \cdots, q_n$ 的有序集合,其矢量形式如下:

$$Q = [q_0, q_1, \cdots, q_n]^\mathrm{T} \tag{2.1}$$

式中每个元素 $q_i(i = 0, 1, \cdots, n)$ 为集合的分量,称为状态变量。当给定每个分量一个确定的值时,就得到了一个具体的状态。

算符是引起状态中某些分量发生变化,从而使问题由一个状态变为另一个状态的操作。算符可分为过程、规则、走步、数学算子、运算符号或逻辑符号等。比如,在产生式系统中,每一条产生式规则就是一个算符;而在下棋程序中,一个走步就是一个算符。

状态空间是指由一个问题的全部状态及一切可用算符构成的集合。它一般由三个部分构成,即问题的所有可能初始状态构成的集合 S、算符集合 F、目标状态集合 G,用三元组表示为:(S, F, G)。状态空间的图示形式称为状态空间图。其中,节点表示状态,有向边(弧)表示算符。

2.6.1　用状态空间表示问题

用状态空间表示问题的基本步骤如下。

(1)定义状态的描述形式。

(2)用所定义的状态描述形式把所有问题的所有可能状态表示出来,并确定问题的初始状态集合和目标状态集合。

(3)定义一组算符。利用算符可以把问题由一种状态转变为另一种状态。

图 2.6 所示为吃豆人游戏的一些演示画面。图中小人在鼠标或者键盘的控制下可以东、南、西、北移动,移动时所经过路径上的豆豆就会被他吃掉。

图 2.6　Pacman(吃豆人)游戏状态空间

这个问题怎样表示才方便用计算机进行处理呢? 状态空间表示法就是不错的一种方法。但是将状态空间中的所有变量都拿来用往往不现实。以图 2.6 来说,直接能想到的变量有吃豆人坐标、吃豆人方向、豆豆的状态数。吃豆人坐标假设为 3×3;吃豆人方向有 4 种;每个坐标点都有个豆豆,豆豆存在是否被吃 2 种状态,豆豆的状态数为 2^9。总状态数为: $9 \times 4 \times 2^9 = 18\ 432$。可想而知,一旦地图面积大了,这个数字也会相当大。所以,在用状态空间表示问题的第(1)步中,需要根据问题的具体内容来选择状态的描述形式。

比如对于图 2.6,如果任务目标是将所有豆豆都吃掉,那么就用豆豆及其是否存在作为状态变量,即状态变量选用豆豆坐标 (x,y) 和豆豆是否被吃掉即可。而问题的初始状态就是初始化时每个坐标点的豆豆状态,目标状态为所有位置的豆豆都被吃掉了。算符就是吃豆人东、南、西、北移动,会引起不同坐标的豆豆状态发生改变,如图 2.7 所示。

同样,还是对于图 2.6 这个状态空间,但是任务目标变成了吃掉某个指定位置的豆豆,这时状态变量就可以选取吃豆人所在的位置 (x,y) 了;目标状态变成了吃豆人是否到达了指定的位置;算符不变,依然是吃豆人东、南、西、北移动。

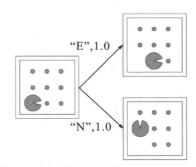

图 2.7　以吃豆人向东和向北移动 1 步作为算符演示

2.6.2　用状态空间求解问题的过程

状态空间中的问题求解过程就是一个不断把算符作用于状态的过程。首先从初始状态开始,选择适用的算符,产生新的状态,这样继续下去,直到产生目标状态,就表示得到了问题的一个解,这个解就是由初始状态到目标状态所构成的序列。

在吃豆人游戏例子中已经解释了这个过程,下面再来看其他的例子。

例 2.4　八数码拼图游戏。

请说明如何用状态空间表示法实现将图 2.8 中左边的拼图拼成右边的结果。

解　(1)本问题可以用一个 3×3 的数组来表示拼图状态,0 表示空格。

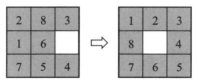

图 2.8　八数码拼图游戏（一）

（2）初始状态（S_0）和目标状态（S_g）为：

$$S_0 = \begin{bmatrix} 2 & 8 & 3 \\ 1 & 6 & 0 \\ 7 & 5 & 4 \end{bmatrix} \qquad S_g = \begin{bmatrix} 1 & 2 & 3 \\ 8 & 0 & 4 \\ 7 & 6 & 5 \end{bmatrix}$$

（3）当移动一个拼图块时，一种状态就变为另一种状态了。这里借助前面介绍的产生式规则来定义算符。具体来说，空格周围的拼图块是可以移动到空格里的。一旦进行移动操作，拼图状态也就发生变化了。

每个拼图块都可能有上、下、左、右四种移动操作，产生式规则数很多，程序实现很复杂。为了简化，换一种方式考虑，用空格的移动来代替拼图块的移动。这样就可以只写出空格上、下、左、右移动的四种产生式规则即可。

如果用 $S[i][j]$ 表示第 i 行、第 j 列的数码，并用 i_0,j_0 分别表示空格所在的行和列变量，那么就可以建立如下 4 条产生式规则。

R_1：if $(j_0-1 \geqslant 1)$ then begin $S[i_0][j_0]=S[i_0][j_0-1]$；$S[i_0][j_0-1]=0$；$j_0=j_0-1$；end　空格左移

R_1 规则解释：如果空格不在第 1 列（其他列减 1 都大于或等于 1），即不在最左边，那么将空格的值用它左边格子的值替换，空格左边格子值为空格值 0，同时更新记录空格的列变量值，这样就实现了空格左移。

R_2：if $(i_0-1 \geqslant 1)$ then begin $S[i_0][j_0]=S[i_0-1][j_0]$；$S[i_0-1][j_0]=0$；$i_0=i_0-1$；end　空格上移

R_3：if $(j_0+1 \leqslant 3)$ then begin $S[i_0][j_0]=S[i_0][j_0+1]$；$S[i_0][j_0+1]=0$；$j_0=j_0+1$；end　空格右移

R_4：if $(i_0+1 \leqslant 3)$ then begin $S[i_0][j_0]=S[i_0+1][j_0]$；$S[i_0+1][j_0]=0$；$i_0=i_0+1$；end　空格下移

接下来，就可以考虑用产生式系统来推理求解这个问题。

目前，已经有了规则库，接下来建立综合数据库，并在综合数据库中存放初始状态、目标状态以及空格发生移动时出现的中间状态。这里，这些状态可以都用矩阵表示。

最后就是实现推理机，进行控制推理求解。

在进行推理时，可能会有多条产生式规则的条件部分和综合数据库中的已有事实相符，这样就可能激活多条规则，究竟用哪一条规则，就需要进行规则冲突解决了。

在这个例子的初始状态下，空格在第 2 行第 3 列，意味着可以左移、上移或者下移，也就是满足 R_1,R_2,R_4 中的条件，如图 2.9 所示。究竟该启用哪一条规则，有不同的选择方法。针对本例，我们采用一个启发函数 $h(x)$，它表示节点 x 的状态与目标状态对应格子内容不同的格子数（没有包括目标状态空格处）。计算每一条满足条件的规则下 $h(x)$ 的值，哪一条规则下 $h(x)$ 的值最小就启用哪一条规则。

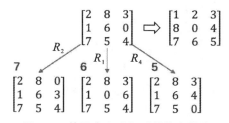

图 2.9　基于产生式规则的状态转移

所以,我们选择 R_4 作为启用规则。依此类推,到达目标状态的规则执行过程就是求解过程。

例 2.5　八皇后问题。

首先看一下源于国际象棋的八皇后问题的具体内容。它是由德国国际象棋棋手马克斯·贝瑟尔(Max Bezzel)于 1848 年提出的:在 8×8 的国际象棋棋盘上摆放 8 个皇后,使其互相之间都不能攻击,共有多少种摆法? 国际象棋中的皇后可以横着、竖着、斜着走任意格,如果所走的路径上有其他棋子就可以攻击并吃掉对方,也就是说棋盘上的任意 2 个皇后都不能处于同一行、同一列或者同一斜线上,总共可以有多少种摆法? 显然,每一行放上 1 个皇后,可以有 8 种不同的位置,解的空间为 $8^8 = 16\ 777\ 216$。如果我们可以检查完所有这些排列组合的状态自然就可以找出问题的答案。如果有计算机,这个过程并不难,可在没有计算机的时代,这不是一件容易的事。当时柏林的象棋杂志上有多达 40 种不同的答案。第一个正确答案在 1850 年由弗朗兹·诺克(Franz Nauck)给出:92 种。

解　按照前面的方法,我们用状态空间来表示这个问题。

状态空间为 $\{i: \text{Col}[i]\}$,$i = 0, 1, \cdots, 7$,$\text{Col}[i]$ 的取值也为 $0, 1, \cdots, 7$,表示第 i 行的皇后放在第 $\text{Col}[i]$ 列,相当于是一个 8×8 的数组空间。

初始状态为 $\text{Col}[i] = -1$,$i = 0, 1, \cdots, 7$,表示每行都没有放皇后。

目标状态为 $\text{Col}[i]! = -1$,$i = 0, 1, \cdots, 7$,表示所有行都已经放置了皇后。

状态的变换规则可以简单地设置为:从 $\text{Col}[0] = 0$ 开始,按照八皇后问题规则,检查 $\text{Col}[1], \text{Col}[2], \cdots, \text{Col}[7]$ 是否都能有合法的取值,具体来说就是在下一行找是否存在空位,也就是找下一行是否有不与之前所有行处于相同列和对角线的位置。

例 2.6　传教士与野人过河问题。

有 N 个传教士和 N 个野人来到河边渡河,河岸有一条船,每次最多可以乘坐 K 人。无论什么时候,当野人人数超过传教士人数时,传教士会被吃掉。为传教士的安全起见,请规划摆渡方案。

解　为了简化分析过程,先讨论 $N=3$,$K=2$ 情况,即有 3 个传教士和 3 个野人,船上最多只能载 2 个人。N, K 取其他值的求解过程和此类似,具体求解过程用产生式系统实现。

针对具体问题进行分析。

首先确定状态变量,用三元组 (M, C, B) 表示河岸的状态,其中 M, C 分别代表某一岸上传教士和野人的人数,并定义 $B = 1$ 代表船在这一岸,$B = 0$ 代表船不在此岸。

根据题目规则要求得到约束条件:两边岸上 $M \geqslant C$,船上 $M + C \leqslant 2$。

由于传教士和野人的人数是常数,所以只需要表示出河左岸或右岸一种情况即可。我们选择左岸,并用 L 表示左岸。

于是问题就变成求由初始状态 $S(3,3,1)$ 到目标状态 $G(0,0,0)$ 的过程,而使状态改变的算符即为船载人从左岸划到右岸或从右岸划到左岸。

接着考虑产生式系统中的综合数据库,也就是状态空间中所有合法的状态。对于三元组 (M_L,C_L,B_L),$0 \leqslant M_L \leqslant 3$,$0 \leqslant C_L \leqslant 3$,$B_L \in \{0,1\}$,可能组合出的状态空间数为 $4 \times 4 \times 2 = 32$,但是只有 $M \geqslant C$ 的状态才是合法的,所以只有 20 种。另外,还有 4 种合法状态是不可能出现的,如表 2.2 所示。

表 2.2　传教士与野人过河问题状态构成的综合数据库表

(M_L,C_L,B_L)	(M_L,C_L,B_L)	(M_L,C_L,B_L)	(M_L,C_L,B_L)
$(0,0,0)$	$(1,0,0)$ 不合法	$(2,0,0)$ 不合法	$(3,0,0)$
$(0,1,0)$	$(1,1,0)$	$(2,1,0)$ 不合法	$(3,1,0)$
$(0,2,0)$	$(1,2,0)$ 不合法	$(2,2,0)$	$(3,2,0)$
$(0,3,0)$ 不可能	$(1,3,0)$ 不合法	$(2,3,0)$ 不合法	$(3,3,0)$ 不可能
$(0,0,1)$ 不可能	$(1,0,1)$ 不合法	$(2,0,1)$ 不合法	$(3,0,1)$ 不可能
$(0,1,1)$	$(1,1,1)$	$(2,1,1)$ 不合法	$(3,1,1)$
$(0,2,1)$	$(1,2,1)$ 不合法	$(2,2,1)$	$(3,2,1)$
$(0,3,1)$	$(1,3,1)$ 不合法	$(2,3,1)$ 不合法	$(3,3,1)$

再接下来,依照产生式系统的基本结构,确定规则库。规则也对应着状态空间表示法中的算符,由船载人过河组成。如果用 P_{MC} 表示船从左岸划到右岸,Q_{MC} 表示船从右岸划到左岸,再加上船上合法人数的 5 种组合 $(10,01,11,20,02)$,可以得到 10 条规则,如表 2.3 所示。

表 2.3　传教士与野人过河问题规则库表

$P_{MC}(M_L,C_L,B_L=1)$	$Q_{MC}(M_L,C_L,B_L=0)$
P_{10}: if$(M_L,C_L,B_L=1)$ then(M_L-1,C_L,B_L-1)	Q_{10}: if$(M_L,C_L,B_L=0)$ then(M_L+1,C_L,B_L+1)
P_{01}: if$(M_L,C_L,B_L=1)$ then(M_L,C_L-1,B_L-1)	Q_{01}: if$(M_L,C_L,B_L=0)$ then(M_L,C_L+1,B_L+1)
P_{11}: if$(M_L,C_L,B_L=1)$ then(M_L-1,C_L-1,B_L-1)	Q_{11}: if$(M_L,C_L,B_L=0)$ then(M_L+1,C_L+1,B_L+1)
P_{20}: if$(M_L,C_L,B_L=1)$ then(M_L-2,C_L,B_L-1)	Q_{20}: if$(M_L,C_L,B_L=0)$ then(M_L+2,C_L,B_L+1)
P_{02}: if$(M_L,C_L,B_L=1)$ then(M_L,C_L-2,B_L-1)	Q_{02}: if$(M_L,C_L,B_L=0)$ then(M_L,C_L+2,B_L+1)

建立了产生式系统描述之后,就可以通过控制策略,对状态空间进行搜索,求得一个摆渡序列了。接下来,引入状态转换图(见图 2.10)来帮助分析。根据状态转换图在状态空间中搜索,是状态空间表示法最常用的推理方法之一,具体过程将在下一章详细介绍。

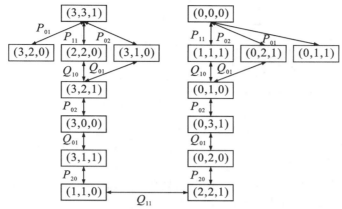

图 2.10　传教士与野人过河问题状态转换图

◀ 2.7　问题规约法 ▶

2.7.1　概念

问题规约(problem reduction)其实更像是问题化简,根据已知问题的描述,通过一系列算符把此问题最终变为一个子问题集合;这些子问题一般都是一些本原问题,比如事实、定理之类的,它们的解可以直接得到,从而解决了初始问题。

该方法也就是从目标(要解决的问题)出发逆向推理,建立子问题以及子问题的子问题,直至最后把初始问题归约为一个简单的本原问题集合。这就是问题归约的实质。在程序设计里的递归思想和问题归约也有些类似。

2.7.2　组成

问题规约表示由以下三个部分组成:

(1)一个初始问题的描述;

(2)一套把问题变为子问题的操作符;

(3)一套本原问题的描述。

2.7.3　示例

例 2.7　汉诺塔问题。

有 3 根柱子(A,B,C)和 n 个不同尺寸的圆盘($1,2,3,\cdots,n$),如图 2.11 所示。每个圆盘的中心有个孔,圆盘可以堆叠在柱子上。最初,圆盘全部堆在柱子 A 上,最大的圆盘在最底部,最小的 1 号圆盘在顶部。要求把所有圆盘都从柱子 A 移到柱子 B 上,每次只能移动顶端的一个圆盘,并且不允许把较大的圆盘堆放在较小的圆盘上。可以借助柱子 C 作为辅助。请找出具体的移动方法。

解　根据问题规约法,试着将问题转换为一系列子问题,要把 n 个圆盘从柱子 A 移动到柱子 B 上,可以先完成简单一点的操作,把 $n-1$ 个圆盘移动到柱子 C 上,留出最大的圆盘 n,然后把 n 号圆盘移动到柱子 B 上,剩下的问题就变成了如何把 $n-1$ 个圆盘从柱子 C 移动到柱子 B 上,比原始问题少了一个圆盘,变简单了一点。继续下去,得到规约过程如下:

(1)移动柱子 A 上的圆盘($1,2,3,\cdots,n-1$)到柱子 C 上的 $n-1$ 个圆盘问题;

(2)移动柱子 A 上的圆盘 n 到柱子 B 上的 1 个圆盘问题;

(3)移动柱子 C 上的圆盘($1,2,3,\cdots,n-1$)到柱子 B 上的 $n-1$ 个圆盘问题。

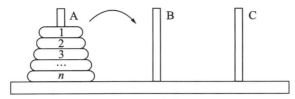

图 2.11　汉诺塔问题

同样，$n-1$ 个圆盘移动的问题又可以转换为 $n-2$ 个圆盘和 1 个圆盘移动的问题，这样形成了一个递归的过程。当最后简化到 1 个圆盘移动问题时，直接移动就可以了。于是原问题就变成了一组较简单的问题。

用递归方式实现的参考代码如下，对于递归算法的优化方法将在本书 3.5 节介绍。（完整代码：\C2\s2_7\TowerOfHanoi.py。）

```
def TowerOfHanoi(n,from_rod,to_rod,aux_rod):
    if n==1:
        print("Move disk 1 from rod",from_rod,"to rod",to_rod)
        return
    TowerOfHanoi(n-1,from_rod,aux_rod,to_rod)
    print("Move disk",n,"from rod",from_rod,"to rod",to_rod)
    TowerOfHanoi(n-1,aux_rod,to_rod,from_rod)
```

◀ 2.8　面向对象的表示法 ▶

2.8.1　概念

实际上，客观世界中的任何事物都可以看作是一个对象，与对象相关的概念还有类、继承和封装等。类是对一组相似对象的抽象，它描述了一组具有相同属性和操作的对象。

一个类拥有另一个类的全部属性和操作，这种拥有就是继承，前者称为子类，后者称为父类。封装是一种信息隐藏技术，可以使用户不必了解对象行为实现的细节。

面向对象技术具有模块性、继承性、封装性、多态性（一个名字可以有多种语义）、易维护性等优点。

2.8.2　面向对象用来表示知识的方法

用面向对象表示知识时，需要对类的构成形式进行描述，在形式上有点像框架表示法，通常的描述如下：

```
Class <类名> [:<父类名>]
    [<类变量表>]
    Structure
        <对象的静态结构描述>
    Method
        <对象的操作定义>
    Restraint
        <限制条件>
END
```

◀ 2.9 实验与设计 ▶

2.9.1 使用 pyDatalog 工具实现谓词逻辑推理

1. 实验目的

掌握谓词逻辑表示法及用于推理的基本过程。

2. 实验内容

(1) 学习 pyDatalog 工具的基本使用方法。

(2) 使用 pyDatalog 实现以下任务。

某公司发出招聘广告后,收到大量应聘申请。为了筛选应聘者,人事部经理采用以下判据:申请者必须会使用 Python、会开车,并且住在汉阳。

① 请用谓词公式表示该公司的选择标准。

② 请用事实描述下列申请者的情况:

小赵住在武昌,会开车,但不会使用 Python;

小钱住在汉阳,会开车,也会使用 Python;

小孙住在汉口,会开车,也会使用 Python;

小李住在汉阳,会开车,也会使用 Python;

小周住在汉阳,不会开车,会使用 Python。

③ 输出符合公司要求的应聘者。

说明:pyDatalog 是一种基于逻辑的编程语言,可以方便地表示一阶谓词逻辑。pyDatalog 的语句由事实和规则组成,可以实现对知识库的推理,从已知事实中跟着推理得到新的事实。

create_terms 可以创建变量、谓词等内容。其中变量用大写字母开头,谓词用小写字母开头。

"<="符号用来表示蕴含,可以理解为 if,比如以下代码表示:如果某个同学考试分数很高,说明他学习很努力;小王考试分数很高,由此推理小王学习认真。其中 score、study_hard 就是自定义的谓词。

```
from pyDatalog import pyDatalog
pyDatalog.create_terms('X,score,study_hard')
+score('XiaoWang','high')
study_hard(X)<=score(X,'high')
# 推理谁在努力学习
print(study_hard(X))
    输出结果为:
    X
    - - - - - - -
    XiaoWang
```

2.9.2 基于产生式系统的动物识别系统设计

1.实验目的

通过本实验熟悉和掌握产生式系统的运行机制,掌握基于规则推理的基本方法;理解并体会知识库与推理机相互独立的智能产生式系统与一般程序的区别,为以后设计复杂的专家系统奠定基础。

2.实验内容

使用 Python 设计并实现一个能自动识别虎、金钱豹、斑马、长颈鹿、鸵鸟、企鹅、信天翁 7 种动物的产生式系统。

具体需要完成的工作如下。

(1)以动物识别系统的产生式规则为例,建造规则库和综合数据库,并能对它们进行添加、删除和修改操作。

(2)基于建立的规则库和综合数据库,进行推理。

(3)需要有日志解释推理结果。

(4)修改规则库、综合数据库,使其能推理出更多的动物,或者自己设计规则库和综合数据库用于其他领域的推理,比如设计一个"三极管放大电路故障诊断系统"。

产生式规则如表 2.4 所示。

表 2.4　动物识别系统产生式规则

规则	解释
R_1	如果该动物有毛发,那么该动物是哺乳动物
R_2	如果该动物有奶,那么该动物是哺乳动物
R_3	如果该动物有羽毛,那么该动物是鸟
R_4	如果该动物会飞,并且会下蛋,那么该动物是鸟
R_5	如果该动物吃肉,那么该动物是食肉动物
R_6	如果该动物有犬齿,并且有爪、眼盯前方,那么该动物是食肉动物
R_7	如果该动物是哺乳动物,并且有蹄,那么该动物是有蹄类动物
R_8	如果该动物是哺乳动物,并且是反刍动物,那么该动物是有蹄类动物
R_9	如果该动物是哺乳动物,并且是食肉动物、颜色为黄褐色、身上有斑点,那么该动物是金钱豹
R_{10}	如果该动物是哺乳动物,并且是食肉动物,颜色为黄褐色、身上有黑色条纹,那么该动物是虎
R_{11}	如果该动物是有蹄类动物,并且有长脖子、有长腿、身上有暗斑点,那么该动物是长颈鹿
R_{12}	如果该动物是有蹄类动物,并且身上有黑色条纹,那么该动物是斑马
R_{13}	如果该动物是鸟,并且有长脖子、有长腿、不会飞、有黑白两色,那么该动物是鸵鸟
R_{14}	如果该动物是鸟,并且会游泳、不会飞、有黑白两色,那么该动物是企鹅
R_{15}	如果该动物是鸟,那么该动物是信天翁

参考设计思路如下。

(1)将前提条件、中间结论、结论都分别转换为一个对应的唯一数字,以便于处理。更好的方式是建立综合数据库,优化输入、输出界面及增加规则库和综合数据库的维护功能。

(2)用 list_real 列表作为综合数据库,在 while 循环下,通过 input 获得用户输入,作为已知事实添加入综合数据库。

(3)使用 if…elif…else 结构从综合数据库获取事实并进行判断匹配。如果中间结论和结论不在综合数据库中,则添加进综合数据库。

思考与练习

1. 判断以下语句是否为命题,如果是命题,请用谓词公式表示。

(1)上课去。

(2)$1+2=5$。

(3)这句话是谎言。

(4)所有人都有饭吃。

2. 设已知下述事实:

$A;B;A \rightarrow C;B \land C \rightarrow D;D \rightarrow Q$。求证:$Q$ 为真。

3. 将下列逻辑表达式转化为不含存在量词的前束形:$(\exists x)(\forall y)[(\forall z)P(x,z) \rightarrow R(x,y,f(a))]$。(前束形是指将所有全称量词都移到公式前面。)

4. 用谓词公式表示以下事实:

(1)凡是容易的课程小吴都喜欢;

(2)A 专业的课程都是容易的。

5. 假如需要为积木世界(见图 2.12)建模,以方便将来设计一个机械手控制算法,那么需要知道积木上表面是否为空,积木是否可以拿起来等。请用谓词逻辑来描述这个积木世界。

图 2.12　积木世界

6. 什么是产生式系统?它由哪几部分组成?

7. 用产生式表示:如果一个人发烧、呕吐、出现黄疸,那么他得肝炎的可能性有七成。

8. 下面是一则关于地震的报道,请用框架表达这段报道。

"7 月 3 日,一次强度为里氏 8.5 级的强烈地震袭击了 Lower Slovenia,'造成 25 人死亡和 15 亿美元的财产损失。Lower Slovenia 地区主席说:'多年来,靠近萨迪壕金斯断层的重灾区一直是一个危险地区。这是本地区发生的第 3 次地震。'"

9. 请用语义网络表示下列命题或知识。

（1）小燕子这只燕子从春天到秋天一直占有一个巢。

（2）小吴是某大学人工智能学院通信工程专业 192 班的学生，他 20 岁，住在武汉市江岸区。

（3）鸟都有羽毛，有翅膀，会吃食，会鸣叫。所有的鸽子都有翅膀、会飞翔。信鸽是一种鸽子，它不但有翅膀、会飞翔，还能识途。

（4）雪地上留下一串串脚印，有的大，有的小，有的深，有的浅。

10. 状态空间表示法的三元组 (S, F, G) 中各基元各是什么含义？

11. 实验中要用 3 只开关分别控制 3 只彩色指示灯的亮（on）或暗（off）状态。设初始状态为"亮 暗 暗"状态，问：按 3 次开关，能否同时出现"亮 亮 亮"或"暗 暗 暗"状态？请用状态空间表示法依照必要的步骤求解该问题，并要求找出全部解路径。

12. 农夫、狐狸、鸡和谷子都在一条河的左岸，现在农夫要把狐狸、鸡和谷子全部送到右岸去。农夫有一条船，过河时，除农夫外，船上至多只能载狐狸、鸡和谷子中的一样。如果农夫不在，狐狸会吃鸡，鸡会吃谷子。请规划出一个确保全部安全的过河计划。

第 3 章

搜 索 技 术

在很多情况下，寻找答案的过程可以看作是搜索（search）的过程。搜索是人工智能的一个基本问题。搜索是推理不可分割的一部分。比如，人们在解数学题时，会根据自己所掌握的数学知识，去对题目做各种演算，一步步靠近想要的结果，解题过程中所经历的每一步就可以看作是搜索的步骤。

搜索算法开始于 20 世纪 50 年代（这时处于人工智能的初期），关注问题的求解和推理，直到现在依然应用广泛。搜索类似于传统计算机程序中的查找，但比查找要复杂得多，主要包括两个方面的研究内容：一是要在初始的状态和问题的最终答案之间寻找一条推理路径；二是使得这条路径的时间复杂度和空间复杂度尽量小。

本章将介绍常见的搜索策略、算法及其应用。

◀ 3.1 概 述 ▶

在知识的表示中，已经知道了状态空间能够很好地表示问题，这样就能将问题的求解变成状态空间的搜索，而状态空间的搜索又比较容易用计算机来实现，比如数据结构中的树和图。在实际的操作中，首先要选择合适的搜索策略。

例如，假设小明想知道自己的祖先是否和清朝的乾隆皇帝有关系，并且假定每个人都会在 25 岁左右繁衍下一代，乾隆生活在大约 250 年前，也就意味着小明需要搜索 10 代人。小明的搜索方案至少有两种：一种是从自己开始，顺着父母辈，向上搜索 10 代，看看有没有乾隆；另一种是从乾隆开始，按照乾隆的后代向下搜索 10 代，搜到自己这一代看看有没有自己。这两种搜索策略有区别吗？究竟哪种搜索策略会更好呢？要回答这两个问题，还需要看具体的条件。如果假定每一个人的下一代都有 3 个孩子，那么从乾隆开始向下搜索，需要搜索的人的个数为：$3^1 + 3^2 + \cdots + 3^{10}$。反过来，如果从自己向上搜索，因为每个人只有父母双亲，所以需要搜索的次数就变成了：$2^1 + 2^2 + \cdots + 2^{10}$。显然，这个数字小多了。可是，如果假定每个人的下一代都只有 1 个孩子，那么显然从乾隆开始向下搜索，搜索量将会小得多。所以，在确定搜索策略时，往往还需要考虑具体的问题和条件。

为了提高搜索效率，通常并不会首先生成状态空间中的所有状态再去进行搜索，而是边搜索边生成状态空间图，生成的无用状态越少，效率也就越高，也就意味着所对应的搜索策略越好。

搜索通常分为盲目搜索（uninformed search）和启发式搜索（heuristic search，又称为有提示信息的搜索（informed search））两种。两种搜索方法的具体过程和区别将在后面几节详细讨论，它们的基本思想都是将问题的初始状态当作当前状态（current state），选择适当的算符作用于当前状态，生成一组后继状态（successor state），然后检查这组后继状态中有没有目标状态。如果有，则搜索成功，从初始状态到目标状态的路径，也就是一系列算符，即为问题的解答过程；如果没有，则按照某种控制策略从已生成的状态中再选一个作为当前状态，继续重复之前的过程，直到目标状态出现或者不再有可供操作的状态及算符时为止。这里提到的生成后继状态以及选一个已生成的状态作为当前状态的不同方法就构成了不同的搜索策略。

通过对以上过程进行分析可以发现，至少需要两个状态空间来分别存储由当前状态获得的后继状态以及状态空间中已经检查过不属于目标的状态。这在 Python 中可以用两个列表实现。假设我们用 OPEN 表来存储搜索过程中所扩展出来的后继状态节点，用CLOSED 表来存储访问过的状态节点，为了便于用程序来实现，用流程图具体表示，如图3.1 所示。

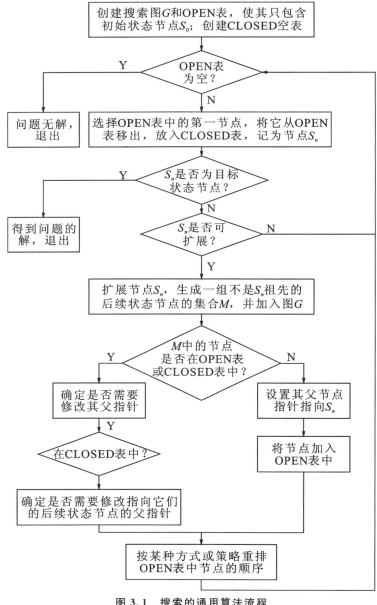

图 3.1 搜索的通用算法流程

其中,搜索策略的不同就体现在不同的 S_n 扩展方法以及扩展的节点放入 OPEN 表后的不同重排方法上。如果搜索的过程类似穷举法,没有用到任何与问题相关的知识或启发信息,则称为盲目搜索。如果在节点的扩展和重排中考虑到了与问题相关的知识或者启发信息,则称为启发式搜索或有提示信息的搜索。

◀ 3.2　盲目搜索 ▶

盲目搜索有时也称为非启发式搜索,不需要考虑与问题相关的信息,按照预定的方案采取类似穷举的方式进行蛮力搜索。由于它需要搜索所有可能的状态,当问题较复杂时,搜索的状态空间规模会非常巨大。比如,香农在 1950 年发表的论文 *Programming a Computer for Playing Chess* 中估计国际象棋的棋局搜索空间为 10^{120},如果 1 μs 搜索一步,则需要超过 10^{90} 年才能搜索完,即便是用今天的计算机来计算,也是不现实的。书后参考文献 9 中给出了中国象棋状态总数的计算方法,得到的结论为 $10^{39.88}$,这也是一个非常庞大的数字。因此,盲目搜索一般只适用于比较简单的问题求解。

常用的两种盲目搜索方法是宽度优先搜索(BFS,breadth first search)和深度优先搜索(DFS,depth first search),这也是数据结构中图的遍历的两种基本算法。

宽度优先搜索也称为广度优先搜索或横向优先搜索,它从初始状态节点开始,逐层推进地搜索状态空间。例如,对图 3.2 所示的状态空间采用宽度优先搜索,从初始状态节点 S 开始,搜索到目标状态节点 G,搜索的过程为:S,首先扩展出的是离 S 最近的第一层 d,e,p,接着是从第一层扩展出来的第二层(分别是由 d 扩展出来的 b,c,e,由 e 扩展出来的 h,r 和由 p 扩展出来的 q),优先搜索兄弟节点,逐层推进,如图 3.3 所示。

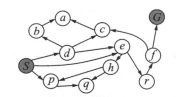

图 3.2　状态空间示例

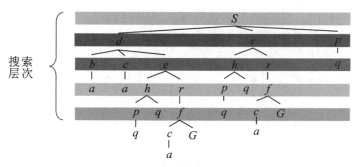

图 3.3　宽度优先搜索示例

深度优先搜索也称为纵向优先搜索,它从初始状态节点出发,向着节点纵深方向走到底,如果走到底还没搜索到目标状态节点,则回退到上一层,看看还有没有其他路径也就是兄弟节点,有则沿其他路径继续深入下去,否则继续回退,直到找到目标状态节点或者搜索完状态空间。如果对图 3.2 所示的状态空间进行深度优先搜索,则搜索过程为:S,S 的第一个孩子节点 d,d 还有孩子节点,因此继续搜索 d 的孩子节点 b,b 的孩子节点 a,搜索到 a 发现到底了,即 a 为叶子节点,于是回退到 b,看看 a 是否还有兄弟节点,没有兄弟节点,于是继续回退到 d,搜索 b 的兄弟节点 c、c 的孩子节点 a,又回退,接下来将依次搜索 e,h,p,q,q,r,f,c,a,G,如图 3.4 所示。

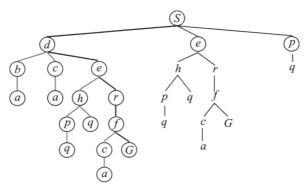

图 3.4　深度优先搜索示例

下面将按图 3.1 所示流程图具体分析这两种搜索算法的实现过程并对两种算法的各自特点进行简要分析。

3.2.1　宽度优先搜索

从前面的分析已经知道,无论是宽度优先搜索还是深度优先搜索,都是从问题的初始状态开始一步步进行搜索,扩展过程中会出现许多待处理的状态,所以需要一个 OPEN 表来记录这些未处理的状态。同时,已经搜索和处理过的状态从 OPEN 表中删除,并且需要记录下来。可以用 CLOSED 表来记录这些状态。除此之外,还可以借助 CLOSED 表来防止重试已经搜索过的状态。由于问题的求解是找从初始状态节点到目标状态节点的路径,因而通常在 CLOSED 表中进行处理,记录解的路径节点。

宽度优先搜索是一层层地进行扩展,每走一步可能扩展出一批节点,用 OPEN 表来存储新扩展出来的节点,由于需要以先扩展的先进行处理的方式来进行,即先入先出(FIFO,first input first output),因此采用队列来实现 OPEN 表。

下面举例来进行说明。

例 3.1　对图 3.5(a)所示的状态空间进行宽度优先搜索,OPEN 表中节点的取出扩展次序是怎样的?

解　从 S 出发,进行宽度优先搜索,首先将 S 存入 OPEN 表中,取出 S 放入 CLOSED 表中,S 不是目标状态节点,有两条路径分别到达 A 和 B,扩展出 A,B 节点,并将 A,B 存入 OPEN 表中。显然,按照宽度优先搜索的概念,这两个节点是需要先访问的。

取出 OPEN 表中的第一个也就是先放入的 A 节点,将它放入 CLOSED 表中,A 不是目标状态节点,由 A 出发有 3 条路径——C,D 和 B,由于 B 节点已经在 OPEN 表中了,因而将

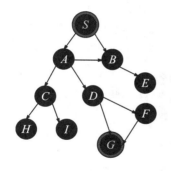

CLOSED表　　　OPEN表

$S \leftarrow$ ___AB___

$SA \leftarrow$ ___BCD___

$SAB \leftarrow$ ___CDE___

$SABC \leftarrow$ ___DEHI___

$SABCD \leftarrow$ ___EHIGF___

（a）状态空间示例　　　　（b）OPEN表中节点扩展过程

图 3.5　例 3.1 图

C 和 D 存入 OPEN 表中。

接着需要取出 OPEN 表中的第一个节点 B，将它放入 CLOSED 表中，并将它扩展出的节点 E 存入 OPEN 表中。

依此类推，如图 3.5(b)所示，直到从 OPEN 表中取出 G 节点（为目标状态节点），所以 OPEN 表中的节点扩展次序依次为：S,A,B,C,D,E,H,I,G,F。

例 3.1 中，为了得到从 S 到 G 的路径，也就是问题的解，需要在找到 G 以后，由 G 找到其父节点 D，由 D 找到其父节点 A，再由 A 找到其父节点 S，S 的父节点可以设为空（NULL），这样就得到了解的路径 $S-A-D-G$，所以在程序实现中扩展节点时需要记录每个节点对应的父节点。每个节点对应的父节点通常会在添加进 CLOSED 表中时记录。

从宽度优先搜索的过程不难发现，由于类似穷举搜索，因而如果状态空间是有限的并且包含解，则一定可以找到解，如果搜索完状态空间找不到解，则说明解不存在。用术语来说明，该算法是完备的（complete）。另外，宽度优先搜索是一层层逐层递进搜索，假设每一步的长度都是相等的，那么找到的解一定是从起点到终点的最短路径。用术语来说明，该算法是最优的（optimal）。这也可以看作是宽度优先搜索的优点之一。

再来简单看一下算法的时间复杂度和空间复杂度。假设从初始状态节点开始，每个节点有 b 个分支，最短的解在第 s 层，整个状态空间有 m 层，那么将要搜索的节点数为第 1 层 b^0，第 2 层 b^1，第 3 层 b^2，…，第 s 层 b^{s-1}，所以搜索的时间复杂度为 $O(b^s)$。对于 OPEN 表 FIFO 队列来说，最多可能需要存储某一层的所有节点，所以最多为第 s 层的所有节点 b^{s-1}（当第 s 层的最后一个节点为解时），而 CLOSED 表则最多可能需要存储每一层的所有节点，所以空间复杂度由 CLOSED 表决定，也为 $O(b^s)$。显然，这也反映出了宽度优先搜索的缺点，随着搜索深度的增加，时间复杂度和空间复杂度都呈指数级增长。

在第 2 章中提到的传教士与野人过河问题就可以采用宽度优先搜索这一盲目搜索方法来解决。还是以 3 个传教士、3 个野人，小船最多能载 2 人为例，算符为船载人从一边到另一边，船上允许的合法人数组合 $[(1,0),(0,1),(1,1),(2,0),(0,2)]$ 可以存入列表，以方便使用。

具体的搜索过程为：从初始状态节点 $(3,3,1)$ 开始，船在左岸用减法，在右岸用加法，用列表中的值进行扩展，得到下一步状态节点 $(2,3,0)$、$(3,2,0)$、$(2,2,0)$、$(1,3,0)$、$(3,1,0)$，剔除不合法节点,将(3,2,0)、(2,2,0)、(3,1,0)存入 OPEN 表中;取(3,2,0)节点,得到下一步状态节点(4,2,1)、(3,3,1)、(4,3,1)、(5,2,1)、(3,4,1)、(3,3,1)已经在 CLOSED 表中,其余的节点均为不合法节点,所以本步骤之后 OPEN 表没有变化;接着取 OPEN 表中的(2,2,0)节点,得到(3,2,1)、(2,3,1)、(3,3,1)、(4,2,1)、(2,4,1),将(3,2,1)存入 OPEN 表中;再取(3,1,0)进行扩展……直到搜索到(0,0,0)目标状态节点,从而得到解答。具体Python 代码的实现过程可以参考本章后面的实验部分。

3.2.2 深度优先搜索

深度优先搜索首先向纵深方向进行搜索,由某个节点扩展出下一层节点后,选择其中一个节点,判读是否为目标状态节点,如果不是,并且该节点还有子节点,则继续扩展该节点的所有子节点并选择其中一个判断是否为目标状态节点,如果不是,检查该节点是否还有子节点。这样,一直搜索到某个节点没有子节点可以扩展,即无路径可走时,再返回到上一层,尝试上一层的其他子节点,依此类推,以深度优先的方式继续搜索其他子节点,直到对这一层的所有兄弟节点都没找到目标状态节点时,继续向上一层返回,具体流程也同图 3.1 所示是一致的。

同样,在搜索过程中,需要存储扩展出来的节点(OPEN 表)以及访问过的节点(CLOSED 表)。深度优先搜索中,扩展出了某个节点的所有子节点后,需要向纵深方向进行搜索,先扩展出来的节点需要压后再取出来进行扩展,所以 OPEN 表的存取过程和宽度优先搜索中的是完全不一样的,它的过程是先入后出(FILO,first input last output),所以用堆栈来实现深度优先搜索中的 OPEN 表。CLOSED 表的作用同宽度优先搜索中的相似,同时还可以用来获取回退时的路径。

同样,用例子来说明。

例 3.2 依然采用例 3.1 中的图 3.5(a)所示状态空间作为欲搜索的状态空间,对它进行深度优先搜索,OPEN 表中节点的取出扩展次序是怎样的?

解 从 S 出发进行深度优先搜索。首先将 S 存入 OPEN 表中,然后取出 S 放入CLOSED 表中,S 不是目标状态节点,有两条路径分别到达 A 和 B,扩展出 A,B 节点,将 A,B 存入 OPEN 表中。注意,此时 OPEN 表采用堆栈来实现。

假设扩展 S 时,先将 A 存入 OPEN 表中,后将 B 存入 OPEN 表中,所以这时从 OPEN表中取出的第一个节点应为后放入的 B,将它放入 CLOSED 表中。它不是目标状态节点,其子节点为 E,将 E 存入 OPEN 表中。这时,E 为最后放入的节点,所以下一个从 OPEN 表中取出的待扩展节点为 E。E 也不是目标状态节点,并且没有子节点,于是回退到上一层 B节点,B 只有 E 这一个子节点且 E 已经被访问过了,所以继续沿着 B 返回到其上一层 S节点。

S 节点还有子节点在 OPEN 表中,继续从 OPEN 表中取出当前第一个节点 A,A 有 3 个子节点 C,D 和 B,由于 B 已经在 CLOSED 表中了,因而只将 C,D 存入 OPEN 表中。

后放入的是 D,它是当前 OPEN 表的第一个元素,取出后进行扩展,得到节点 G 和 F 并存入 OPEN 表中。类似地,取出 F 放入 CLOSED 表中,F 的子节点 G 已经在 OPEN 表中了,F 没有其他子节点,于是进行回溯,从 OPEN 表中取出 G,并放入 CLOSED 表中,即得到目标状态节点。扩展示例如图 3.6 所示。

CLOSED表　OPEN表

CLOSED表	OPEN表
S	AB
SB	AE
SBE	A
$SBEA$	CD
$SBEAD$	GF

图 3.6　深度优先搜索中 OPEN 表中节点扩展过程

所以在深度优先搜索中，OPEN 表的节点扩展次序依次为：S,B,E,A,D,F,G。同样，可以通过 G 回溯到 S 得到解的路径为 $S-A-D-G$。

对于深度优先搜索来说，状态空间可能形成回路，导致出现无穷分支，因此，深度优先搜索只能说可能是完备的，即当状态空间中不存在回路且有限时才是完备的。由于深度优先搜索首先沿着某条路径深入下去，并不能保证找到的第一个解一定是距离初始状态节点最近、路径最短的解，因而说深度优先搜索不具备最优性。如图 3.7 所示，假设节点 g_1,g_2,g_3 均为该问题的目标状态节点，则如果从最左边开始进行深度优先搜索，最先搜索到最左边的目标状态节点 g_1，此时获得的解路径显然没有获得目标状态节点 g_2 的路径短。

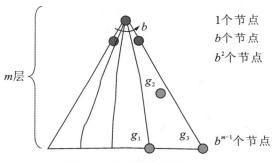

图 3.7　深度优先搜索示例

从算法的复杂度角度来考虑，假设整个状态空间从初始状态节点开始，每个节点有 b 个分支，最短的解在第 s 层，整个状态空间有 m 层（这也可以用图 3.7 来示意），那么进行深度优先搜索，最坏的情况为当目标状态节点为最右边支路的 g_3 节点时，需要搜索的节点数为 $1+b^1+b^2+\cdots+b^{m-1}=b^m-1$，所以时间复杂度为 $O(b^m)$。对于空间复杂度，需要分别考虑 OPEN 表和 CLOSED 表。对于 OPEN 表，最多存储从初始状态节点开始的某个支路的所有节点。比如 OPEN 表中将会存储第 2 层的 b 个支路子节点，然后取出一个，继续扩展该节点，得到 b 个子节点，再取出一个，继续下去，直到搜索到第 m 层的 b 个子节点，OPEN 表堆栈中最多会有 $(b-1)\times(m-1)+1$ 个节点，所以空间复杂度为 $O(bm)$。对于 CLOSED 表，由于深度优先搜索具有回溯的过程，当搜索完某个支路所有的节点发现没有目标状态节点时，这些节点也不会形成解的回溯路径，所以可以不用保存在 CLOSED 表中，因此它的复杂度和 OPEN 表类似，最终得到深度优先搜索的空间复杂度为 $O(bm)$，比起宽度优先搜索中的指数级空间复杂度来说小得多。

不难发现,深度优先搜索能很快深入到路径深层,所以有时能很快地获得解,实现求解的高效率,但同时,如果解不在某分支上,而该分支又是无穷分支,则可能得不到解。所以,很多情况下在使用深度优先搜索时,需要对它进行改进,比如采用有界的深度优先搜索。有界的深度优先搜索的基本思想是对深度优先搜索设置一个搜索深度的界限 d_m,当到达了搜索深度的界限还未发现目标状态节点时,就可以回溯换一个分支进行搜索了,直到该界限内的所有分支都搜索完毕,此时可以考虑放弃搜索或再继续深入。

在有界的深度优先搜索中,如果问题有解,且路径长度 $d_x \leqslant d_m$,则一定能搜索到目标状态节点,所以界限深度 d_m 的选择非常重要。

关于 d_m 的处理,Richard E. Korf 在 1985 年发表的论文 *Depth-First Iterative-Deepening*:*An Optimal Admissible Tree Search* 提出了一种方案,称为迭代加深的深度优先搜索(DFID,depth-first iterative-deepening)。其过程为:首先进行深度界限为 1 的深度优先搜索,如果没有找到目标状态节点,那么进行深度界限为 2 的深度优先搜索,如果又没找到目标状态节点,接着进行深度界限为 3 的深度优先搜索,这样继续下去,每次迭代把深度界限加 1。每一次迭代运算中,状态空间信息并不共享。

虽然这种算法看起来有非常多的冗余,效率比宽度优先搜索和深度优先搜索都低,但是很多情况下,目标状态节点都在比较浅的层中,所以这种算法也不算太"坏"。由于该算法是逐层加深的,因此可以找到最优解。

在这里再来求解传教士与野人过河问题,采用深度优先搜索,搜索过程为:从初始状态节点(3,3,1)开始,对它按照 [(1,0)、(0,1)、(1,1)、(2,0)、(0,2)] 进行扩展,得到下一步状态节点(2,3,0)、(3,2,0)、(2,2,0)、(1,3,0)、(3,1,0),剔除不合法节点,将(3,2,0)、(2,2,0)、(3,1,0)存入 OPEN 表中;在深度优先搜索中 OPEN 表采用堆栈来实现,所以取最后存入的(3,1,0)节点进行扩展,得到下一步状态节点(4,1,1)、(3,2,1)、(4,2,1)、(5,1,1)、(3,3,1),只有(3,2,1)符合要求,将它存入 OPEN 表中;接着就要继续扩展(3,2,1)节点,后入先出的堆栈正好满足此要求,从 OPEN 表中弹出(3,2,1)节点进行扩展,得到(2,2,0)、(3,1,0)、(2,1,0)、(1,2,0)、(3,0,0),只有(3,0,0)满足条件,将它存入 OPEN 表中;再取(3,0,0)进行扩展……直到搜索得到解答。

3.2.3 代价树的盲目搜索

在前面的宽度优先搜索和深度优先搜索中,提到的最优解指的是找到的解是距离初始状态节点最近的解,其实这里有个假定条件,就是认为扩展出的子节点距离都是相等的,也就是代价(cost)都是相同的,可以假定都为 1,但是在有些实际问题中,例如地图搜索,找起点到终点的最短路径,就不能仅仅是看路径经过了多少中间节点,即是否深度最小,还必须考虑各节点之间的距离。对图 3.2 进行修改,添加上各节点之间的距离,如图 3.8 所示,在从一个节点到下一个节点进行扩展的时候,必须同时还要考虑距离。这类问题还被称为旅行商问题(TSP,traveling salesman problem),是数学领域中著名问题之一。它假设有一个旅行商人要拜访 N 个城市,每个城市只能拜访一次,而且最后还要回到原来出发的城市,他怎样才能选择出最短的路径?

不考虑距离,从 START 到 d、e、p 的代价是一样的;考虑距离后,从 START 到 d、e、p

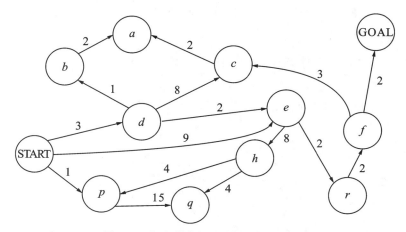

图 3.8　包含节点间距离的状态空间图

的距离分别是 3、9、1，也就是说从 START 到 d、e、p 的代价是不一样的，此时搜索的策略就需要调整了，需要考虑到代价。同样，考虑到代价的搜索可以分为代价树的宽度优先搜索和代价树的深度优先搜索两种类型。实际上，代价树的盲目搜索过程与之前讨论过的宽度优先搜索和深度优先搜索也是相似的，只是在待扩展的节点的选取上有所不同，需要考虑到代价。具体来说，就是在放入 OPEN 表中时，还需要计算代价参数，OPEN 表中的节点始终按照代价大小排序，选择代价最小的节点移入 CLOSED 表中进行扩展，而且如果扩展的节点已经在 OPEN 表中，但是其代价值比 OPEN 表中的代价值更低，则需要替换掉 OPEN 表中的节点并重新排序。

首先看一下代价树的宽度优先搜索。该算法更多地被称为等代价搜索或一致性代价搜索（UCS，uniform cost search），它每次扩展节点时，需要计算所有后继状态节点的代价，并与 OPEN 表中所有的节点进行排序，选择排在最前面、代价最小的节点进行扩展。它同宽度优先搜索一样，是一个完备的、具有最优性的算法，只是它的完备性有个前提条件，就是每一步的代价都大于或等于某个正常数，即不存在零代价，否则可能会陷入死循环。

数据结构课程中的单源最短路径算法用来求一个图中一个顶点到其他各个顶点的最短路径，也称为狄杰斯特拉算法（Edsger W. Dijkstra，1965），思路就和代价树的宽度优先搜索类似。

代价树的宽度优先搜索的缺点是可能在每个方向上进行扩展，没有任何包含目标位置的信息，依然属于盲目搜索。比如，搜索从武汉到北京经过各省会城市最短的路径，采用代价树的宽度优先搜索会先从武汉搜索到南昌节点，而不是优先考虑朝向北京方向的郑州，因为在与武汉相邻的省会城市中，南昌距离武汉最近，如果这样去搜索，就谈不上智能了，效率较低。

在代价树的深度优先搜索中，每次扩展节点时，也需要计算所有后继状态节点的代价，但是只从后继状态节点中选择代价最小的节点进行扩展。它和深度优先搜索一样，不是一个完备的算法，获得的解可能不是最优解，甚至有可能进入无穷分支而得不到解。因此，常用有限代价深度优先搜索来解决实际问题。

下面,针对图 3.8 所示的搜索问题,采用代价树的宽度优先搜索,用 Python 来实现。

1.图的存储方案考虑

参考数据结构中图的存储方法,采用类似邻接表的方式,并且为了使代码能更通用并且考虑到 Python 的字符处理方式比较灵活,用 maps.txt 文档来存储待搜索的状态空间图,每一行存储一个节点及其可以到达的相邻节点和代价(距离),用空格分开,具体如下:

```
START d 3 e 9 p 1
a
b a 2
c a 2
d b 1 c 8 e 2
e h 8 r 2
f c 3 GOAL 2
h p 4 q 4
p q 15
q
r f 2
GOAL
```

然后在程序中,读入该文本文件的每一行并进行拆分,用字典 graph 来保存该图。实现这部分功能的代码定义在 main() 函数中。

2.代码实现的基本思路

为了简化,使用 Python 的队列模块(queue)。该模块提供了同步的、线程安全的队列类,包括 FIFO 队列 Queue、LIFO 堆栈 LifoQueue 和优先级队列 PriorityQueue。其中,优先级队列 PriorityQueue 在普通先入先出队列的基础上增加了优先级参数,进入该队列的元素还需要按照优先级进行排序,优先级高的先出队列。如果将代价值 cost 作为优先级,cost 小的优先级高,那么正好代价树的宽度优先搜索中就可以使用 PriorityQueue 来实现 OPEN 表,表中的元素采用元组(cost,[路径列表])存储。由于表中的路径列表项包含了回溯路径,因此简化了 CLOSED 表的处理代码。用列表来实现优先级队列,其实就是在队列的基础上,增加每次向队列中添加元素后进行排序的过程。

下面所附的代码在将扩展节点添加进 OPEN 表中时(代码第 35 行),并没有检查节点是否已经在 OPEN 表中和判断是否需要替换的原因是为了简化代码,因为采用了优先级队列,代价值小的会排在前面,所以一定会先进入 CLOSED 表中,因此只需要在 CLOSED 表中检查节点是否已经存在,如果节点已经存在,则不做任何处理,丢弃该节点即可,效果和算法描述中的替换是一样的。

3.Python 代码

完整代码如下,其中注释掉的一些 print 语句去掉注释后,可以帮助调试和理解代码。

```
from queue import PriorityQueue


def ucs(graph,start,goal):
    if start not in graph:  # 待搜索的节点如果不在图中直接抛出异常
        raise TypeError(str(start)+'not found in graph!')
        return
    if goal not in graph:
        raise TypeError(str(goal)+'not found in graph!')
        return
    open_queue=PriorityQueue()
    open_queue.put((0,[start]))  # 放入初始状态节点,距离(cost)设为 0
    while not open_queue.empty():
        # print("Current OPEN queue is:",open_queue.queue)
        # node 为从 OPEN 表中取出的节点,将会取出 open_queue 里 cost 最小的那个
        node=open_queue.get()
        # print("Node:",node)
        # visited 的作用相当于 CLOSED 表,记录到达当前节点的路径列表,避免重复搜索
        visited=node[1]
        current=node[1][len(node[1])-1]  # 获取当前到达的节点
        # print("Visited:",visited)
        # print("Current:",current)
        if current==goal:
            print("Path found:"+str(node[1])+",Cost="+str(node[0]))
            break


        cost=node[0]
        for neighbor in graph[current]:  # 采用宽度优先搜索方式扩展相邻节点,采用 for 循环
遍历下一步所有节点
            if neighbor in visited:
                continue
            temp=node[1][:]
            # print("Temp:",temp)
            temp.append(neighbor)
            # print("Temp append neighbor:",temp)
            # 计算出扩展节点的代价值,加入到优先级队列
            open_queue.put((cost+ graph[current][neighbor],temp))
```

```
def main():
    file=open("maps.txt","r")
    lines=file.readlines()
    # 构建字典来保存整个图
    graph= {}
    for line in lines:
        # print (line)
        token=line.split()    # 通过指定的分隔符对字符串进行切片,返回分割后的字符串列表
        node=token[0]    # 获取第一个节点名作为字典的键
        graph[node]={}    # 用字典{相邻节点,距离}作为对应键的值
        for i in range(1,len(token)-1,2):
            graph[node][token[i]]=int(token[i+1])
    print("Graph:",graph)
    ucs(graph,"START","GOAL")


if__name__=="__main__":
    main()
```

4.运行结果

```
Graph:{'START':{'d':3,'e':9,'p':1},'a':{},'b':{'a':1},'c':{'a':2},'d':{'b':1,'c'
:8,'e':2},'e':{'h':8,'r':2},'f':{'c':3,'GOAL':2},'h':{'p':4,'q':4},'p':{'q':15},'q'
:{},'r':{'f':2},'GOAL':{}}
Path found:['START','d','e','r','f','GOAL'],Cost=11
```

以上主要介绍了盲目搜索中的宽度优先搜索、深度优先搜索、代价树的宽度优先搜索这三种常用算法。这些算法的流程是相同的,只是对于 OPEN 表,也就是用于存储待处理节点的表,处理策略不一样。虽然它们都比较容易编程实现,但是一般都需要知道问题的全部状态,按照某种固定规则进行搜索,对状态空间进行穷尽遍历,效率较差,没有智能性,属于弱算法。

接下来,将介绍另一类搜索算法——启发式搜索。它可以借助启发信息来提高搜索效率,就好比对于寻宝机器人,给它装上了探宝传感器,它将借助这些信息而不用盲目地查找每个地点。

◀ 3.3 启发式搜索 ▶

为了解决盲目搜索范围大、效率低的缺点,可以考虑在搜索中加入和问题相关的启发信息,减小搜索范围,提高搜索效率,尽快找到解。这种搜索策略称为启发式搜索。

评价搜索效率,可以用公式 $P = L/T$,其中 L 是从初始状态节点到目标状态节点的深

度，T 是在整个搜索过程中产生的节点数。

什么是启发信息呢？启发信息其实就是用来估计当前状态节点和目标状态节点距离有多近的一种函数，比如计算两个节点之间的曼哈顿距离、欧式距离等（关于距离的概念可以参考本书第 4.2.4 小节），也称为启发函数（heuristic function）。它通常是为解决某种具体搜索问题而有针对性地设计的。

启发函数一般需要能指引搜索朝目标前进并且容易计算。比如，要搜索从武汉到北京的最短路径，可以设计一个启发函数 $h(n)$ 记录所有城市距离北京的直线距离，这样在搜索从武汉到北京的最短路径过程中，选取和武汉相邻的下一个城市时就可以根据 $h(n)$ 尽量选择和北京直线距离最近的城市，比如郑州，就不会像在代价树的宽度优先搜索中那样出现首先考虑武汉经由南昌通往北京的路径了。

接下来，将介绍一些常用的启发式搜索算法。

3.3.1　贪心法搜索

贪心法搜索（greedy search），也称为最佳者优先搜索（best first search），是在宽度优先搜索的基础上，对于下一步可以扩展出的状态节点，找可能是距离目标状态节点最近的节点进行扩展。启发信息就是去估计这些节点和目标状态节点之间的距离。所以，贪心法搜索的流程依然和图 3.1 类似，只是在扩展节点时需要借助启发信息，使用和代价树的宽度优先搜索类似的优先级队列来实现。

比如还是针对找出从武汉到北京经过各省会城市的最短路径这个问题，可以在搜索路径之前，先根据经纬度或地图坐标，计算出每个省会城市到北京的直线距离，将其作为启发信息，接下来，扩展节点时，就可以参考启发信息，寻找孩子节点中距离目标状态节点最近的节点进行扩展。从武汉可以到达的相邻省会城市有西安、重庆、长沙、南昌、合肥、郑州 6 个，它们距离北京的直线距离千米数分别约为 906，1457，1340，1251，898，622，按照贪心的原则，首先选择郑州节点进行扩展。接着从郑州扩展节点也是如此，直到最后到达北京。

同样，在进行节点扩展时，需要判断扩展出的孩子节点是否已经在 OPEN 表或者 CLOSED 表中，如果不在就根据启发信息算出该节点距离目标状态节点的启发值，然后添加进 OPEN 表中并排序。如果在 OPEN 表中，就检查启发值是否比 OPEN 表中的更优，是就替换掉并重新排序。如果在 CLOSED 表中，并且启发值比 CLOSED 表中的更优，就移除 CLOSED 表中的节点，将新节点添加进 OPEN 表中并排序。

贪心法搜索的实现代码和代价树的宽度优先搜索基本相同，只是将代价树的宽度优先搜索中的计算代价部分换成了计算启发值。贪心法搜索的优点是通常能较快地找到目标状态节点，效率很高。在图 3.9 中，左图为代价树的宽度优先搜索过程示意，右图为贪心法搜索过程示意，深色方格代表已经探索过的节点，有深色边框的方格代表还在 OPEN 表中的节点，白色粗线即为找到的路径。贪心法搜索总是选择可能离目标状态节点最近的节点进行扩展，所以只搜索了很少一部分状态就找到了目标状态节点；而代价树的宽度优先搜索朝每个方向都扩展，从中选择代价最小的节点，搜索的状态多了许多。

贪心法搜索的缺点也很明显，它在对问题求解时，总是做出在当前看来是最好的选择，并不是从整体最优上进行考虑，因此并不能保证找到的解是最优解。如果对图 3.8 用贪心法搜索来实现，假设选用距离终点 GOAL 的直线距离作为启发值，那么找到的路径将会是 START$-e-r-f-$GOAL，距离为 15，并不是最佳路径。从图中看 e 离目标状态节点最

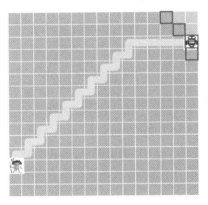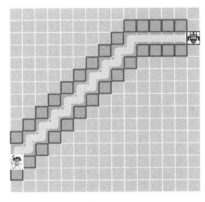

图 3.9　代价树的宽度优先搜索和贪心法搜索对比

近,但实际中从起点直接到 e 中间可能有障碍物,导致需要绕路或者路径弯曲,进而导致实际代价其实很高。图 3.10 也说明了这种情况,左图采用代价树的宽度优先搜索,前面已经介绍过代价树的宽度优先搜索具有最优性,也就是能找到最短路径;右图采用贪心法搜索,采用曼哈顿距离作为启发函数,在 Python 中,可以这样定义该函数:

```
def heuristic(src,dst):
# 曼哈顿距离
return abs(src.x-dst.x)+abs(src.y-dst.y)
```

采用贪心法搜索,障碍物的存在导致搜索到的路径并不是最优路径。

可见,代价树的宽度优先搜索虽然效率不高,但具有最优性,可以保证得到最优解,因为它所依据的是从初始状态节点到当前状态节点的实际代价,始终选取代价最小的节点。而在贪心法搜索中,使用的是启发信息,它是对当前状态节点到目标状态节点的估计信息,如果启发信息不合理或者不全面就可能导致路径不一定是最优路径。

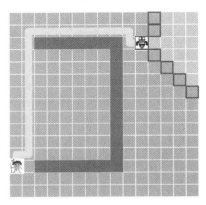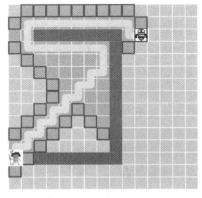

图 3.10　有障碍物时代价树的宽度优先搜索和贪心法搜索对比

如果能结合这两种搜索的优点,就能既提高搜索效率又找到最优解。那么,有办法结合这两种搜索的优点吗? 下面介绍的 A* 搜索(a star search)就是结合了这两种搜索的优点的一种算法。

3.3.2　A 搜索和 A* 搜索

在代价树的宽度优先搜索中,需要计算从初始状态节点到每个节点的代价信息(用函数 $g(n)$ 表示,称为代价函数)。在贪心法搜索中,则用到了启发函数(用 $h(n)$ 表示)。为了结合两者,引入 $f(n)=g(n)+h(n)$。该函数称为评估函数或估价函数(evaluation function)。它既包含了节点 n 距离初始状态节点的实际距离 $g(n)$,也包含了该节点距离目标状态节点的启发估计距离 $h(n)$,也就是 $f(n)$ 包含了从初始状态节点经过节点 n 到目标状态节点的总距离。

这样,把贪心法搜索中对于 OPEN 表中待扩展节点的选取策略由通过启发函数 $h(n)$ 来选取改为通过评估函数 $f(n)$ 来选取,就变成了 A 搜索。$h(n)$ 在 $f(n)$ 中所占的比重越大,就代表着启发性越强。当 $f(n)$ 中的 $h(n)$ 项为 0 时,A 搜索就可以看作是代价树的宽度优先搜索;而当 $f(n)$ 中的 $g(n)$ 项为 0 时,A 搜索可以看作是贪心法搜索;如果两项都为 0,即 $f(n)$ 为 0,就又可以看作是不考虑代价的宽度优先搜索了。

假如定义 $h^*(n)$ 为从节点 n 到目标状态节点的最短路径的实际代价(通常,这个值并不可能实际求出),而选用的 $h(n)$ 是估计出的最小代价,判断估计出的 $h(n)$ 是否总是小于或等于最短路径的实际代价 $h^*(n)$ 还是比较容易的,即判断 $h(n) \leqslant h^*(n)$ 一般是可行的。比如在地图路径搜索问题中,选用两点之间的直线距离作为 $h(n)$,因为两点之间直线距离最短,所以可以判断 $h(n) \leqslant h^*(n)$ 肯定成立。

如果 A 搜索中,$h(n) \leqslant h^*(n)$ 始终成立,那么就可以称为 A* 搜索。A* 搜索结合了代价树的宽度优先搜索和贪心法搜索两者的优点,它使用评估函数 $f(n)$ 来选取待扩展节点。

先来看一些和启发函数有关的概念。

(1)可采纳性(admissibility)。

启发函数的可采纳性是指启发函数永远不会高估到达目标状态节点的实际代价,即 $h(n) \leqslant h^*(n)$。它能保证只要图中存在从初始状态节点到目标状态节点的最优路径,搜索算法就可以找到该路径。

(2)一致性(consistency)。

一致性也称为单调性(monotonicity),是指对于任一节点 n_i,如果可以到达 n_j,即 n_j 是 n_i 的后继状态节点,代价为 $\text{cost}(n_i, n_j)$,那么 n_i 到终点的启发值 $h(n_i)$ 和其后继状态节点 $h(n_j)$ 到终点的启发值之差不能大于 n_i 到 n_j 的实际代价,即 $h(n_i)-h(n_j) \leqslant \text{cost}(n_i, n_j)$,并且目标状态节点的启发值为 0,即 $h(\text{GOAL})=0$。

如果启发函数满足一致性,那么就可以保证 A* 搜索每次选择的到当前节点的路径就是到该节点的最优路径,因此如果后面扩展到已经在 OPEN 表或 CLOSED 表中的某个节点时,可以直接丢弃该节点而不必处理,使得算法的实现更简单。

可以证明,处处满足一致性(单调性)的启发函数是满足可采纳性的,但是满足可采纳性并不意味着处处满足一致性,所以在图的 A* 搜索中,如果采用的是满足一致性的启发函数,就满足最优性,如果只是满足可采纳性,增加检查 OPEN 表和 CLOSED 表中的节点步骤,也可以满足最优性。所以,我们说所有的 A* 搜索算法都是可采纳的,是满足最优性的。

(3)信息度(informedness)。

哪种启发信息会更好? 找到最短路径的能力更强? 为了对不同的启发信息进行比较,引入了信息度的概念。

对于满足 A* 搜索要求的两个启发函数 $h_1(n)$ 和 $h_2(n)$,如果对于状态空间的所有状态都满足 $h_2(n) \geqslant h_1(n)$,那么就称 $h_2(n)$ 比 $h_1(n)$ 具有更高的信息度,信息度更高的启发函数能使得 A* 搜索算法搜索更少的状态,更快地找到最短路径。

从以上的分析可以知道,A* 搜索和一般搜索的过程也是一样的,只是扩展节点加入 OPEN 表的方式不同——需要用到评估函数 $f(n)$。

图 3.11 所示为代价树的宽度优先搜索、贪心法搜索和 A* 搜索的对比,深色方块表示已经扩展了的位置节点,对应的数字表示采用曼哈顿距离分别计算代价函数 $g(n)$、启发函数 $h(n)$ 以及评估函数 $f(n)$ 时,各位置节点所对应的值。地图以左上角为 $(0,0)$,初始状态节点和目标状态节点坐标分别为 $(0,12)$ 和 $(13,1)$。

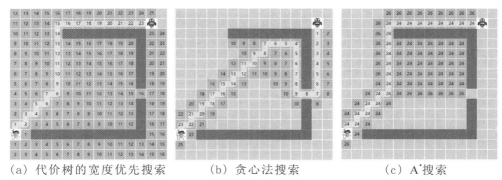

（a）代价树的宽度优先搜索　　（b）贪心法搜索　　（c）A* 搜索

图 3.11　代价树的宽度优先搜索、贪心法搜索、A* 搜索三种搜索对比

从图 3.11 中可以看到,代价树的宽度优先搜索探索过的节点最多、效率最低;贪心法搜索用了最小的搜索范围就找到了一条通向目标状态节点的路径,但是这并不是最短路径;A* 搜索的搜索范围介于代价树的宽度优先搜索和贪心法搜索之间,它和代价树的宽度优先搜索一样可以保证找到的路径是最短路径。

下面,以八数码拼图游戏为例,分析 A* 搜索的应用方法,详细的 Python 实验代码讲解将在实验参考部分给出。

例 3.3　八数码拼图游戏:设在一个 3×3 的方格棋盘上,摆放着 8 个数字 1,2,3,4,5,6,7,8,还有一个方格是空的,空格旁边的数字可以移动到空格中,图 3.12(a) 所示为初始状态,图 3.12(b) 所示为目标状态,使用 A* 搜索来寻找移动数字,从而将棋盘从初始状态变到目标状态的路径,设计其评估函数。

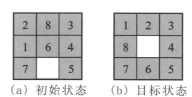

（a）初始状态　　（b）目标状态

图 3.12　八数码拼图游戏(二)

解　参考第 2 章的内容,将数字的移动转换为空格的移动,这样能简化移动的规则。在第 2 章的介绍中,对于可以扩展的状态选取方案,选用的是和目标状态进行比较,统计和目标状态不一致的数字的个数。这里为了编程方便,将空格也作为一个数字进行了比较,还有许多方案中只统计 1 到 8 这 8 个数字是否在对应位置而不考虑空格位,计算值稍微有点区别。选不一致的个数最少的状态节点进行扩展,相当于计算和目标状态节点的差距,这其实就是一种启发函数。这里将它设为 $h_1(n)$（放错位置的数字的个数）。

由于 $h_1(n)$ 只估计了放错位置的数字的个数,该值比起从错误位置到正确位置要移动的步数肯定要小,即满足 $h_1(n) \leqslant h^*(n)$,因而该启发函数是可采纳的。

将搜索的深度 $d(n)$ 设为代价函数,即 $g(n) = d(n)$,于是可以得到评估函数为 $f(n) = d(n) + h_1(n)$。

接下来就是搜索的过程,如图 3.13 所示,其中粗箭头线即为搜索得到的路径。

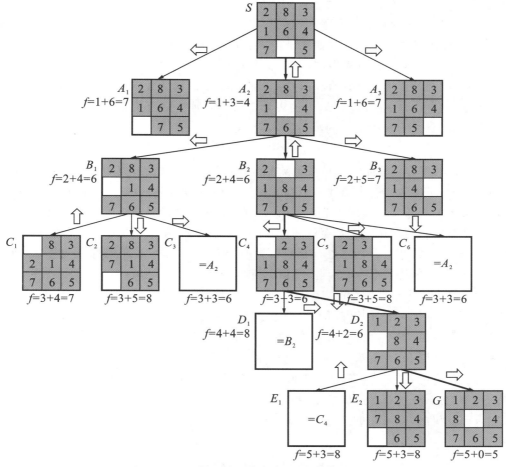

图 3.13　八数码拼图游戏使用 A^* 搜索的过程

本题中,还可以选用另外一种启发信息,比如计算所有不在正确位置的数字到目标位置的移动步数或直接距离之和。这样,是否会有更好的信息度呢？在后面的动手实验中,可以通过修改启发函数进行验证。

这里还提供了另一种启发信息供实验验证。可以按顺时针方向计算每个非中心位置的数字,如果它后面所紧跟的数字与目标位置一致,则该数字计 0 分,否则计 2 分;如果中心位置的数字与目标数字一致,则计 0 分,否则计 1 分,将所有的和当作启发信息。

3.3.3　爬山法搜索

在启发式搜索中,还有一种方法也经常被采用,叫作爬山法搜索,也称为盲人爬山法搜索(blind hill climbing search)。爬山法搜索,顾名思义,就是边探索边逐步往前进,逐步缩短和目标状态节点的距离,也就是先扩展当前状态节点,评估其后继孩子节点,选择最佳的后继孩子节点进行扩展。在这个过程中既不保留兄弟姐妹节点,也不保留父节点,它采用的是一种局部择优的搜索策略,本质上来说,可以看作是一种深度优先的启发式搜索的改进。

可以思考一下,如果我们闭着眼睛爬山,希望尽快达到山顶,不考虑体力问题,那么我们该选哪个方向爬?我们肯定会选朝坡度最大、最陡峭的方向往上爬,即沿斜率最大的方向前进。也就是说采用最陡爬山法,搜索并到达一个节点后,后继状态节点的选择并不是盲目的,而是采用 A* 搜索方法,使用一个评估函数 $f(n)$ 来搜索当前最优节点。

盲人爬山法搜索的特点是 OPEN 表可以取消,每次扩展后继状态节点只保留满足评估函数 $f(n)$ 的最优孩子节点 n',其他孩子节点可以全部丢掉。由 n' 扩展的节点配上父节点指针后可直接放入 CLOSED 表中,这样逐步递进。所以说它可以看作是深度优先搜索的一种改进,属于局部择优搜索,因为没有进行全面搜索,所以结果可能不是全局最优解。

在评估函数 $f(n) = g(n) + h(n)$ 的设计中,$g(n)$ 通常按选择节点的深度生成,$h(n)$ 则通常选用高度函数 $H(r)$ 的梯度的绝对值,如下式:

$$h(n) = |\operatorname{grad}(H(r)|) \tag{3.1}$$

某一点的梯度方向也是该点坡度最陡的方向,然后沿梯度上升方向选择节点进行扩展。在具体设计时,可以建立一个描述节点变化的单极值函数,使极值对应目标状态,选取使函数值增长最大的那条规则作用于节点数据,直到没有规则使函数值继续增长为止。

爬山法搜索在很多情况下是有效的,而且简单,由于取消了 OPEN 表,处理数据量大大减少,因而速度非常快。但是它也有非常明显的局限性,由于它属于局部最优算法,只适合用于单因素、单极值的情况,在处理多峰值、盆地、山脊、断层问题时,会出现搜索失败。

下面分别看一下这几种情况。

多峰值:当遇到一阶导数(或偏导数)为 0 的节点有好几个时,如果找到某个极大值,即便不是全局最大值,也不会再移动了,因为往其他任何方向继续搜索,都是下降,于是会陷入局部最优解。如图 3.14 所示,当从 S_1 搜索到 B 时,B 点无论朝前或朝后走,都将使得高度下降,所以将不再前进。为了解决这个问题,可以采取换其他的路径走的方法。比如可以随机多选一些起点,分别获得最优解,选择所有最优解中的最优者作为全局最优解。再比如,可以引入回溯机制,退回去重新选择其他路径。引入回溯机制就需要记录之前走过的路径。

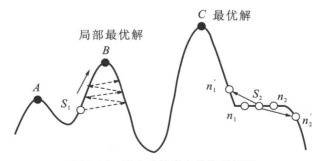

图 3.14　爬山法搜索中的常见问题

高原:周围都是平地,导数处处为 0。这将导致无法知道该选哪个方向最佳。如图 3.14 中 S_2 所处位置,如果扩展出 n_1,n_2 两个节点,则高度 $H(n_1)$ 与 $H(n_2)$ 相同,计算出的梯度值都是 0,无法确定下一步选 n_1 还是 n_2,才会使 $H(n)$ 高度值上升。可以采取的解决办法是扩展节点时进行大的跳跃,比如扩展出两个步伐远一点的点 n'_1 和 n'_2。

山脊:搜索可能会在山脊的两面来回振荡,导致搜索效率较低,如图 3.14 虚线路径所示。

断层:搜索区域出现断层,使得一阶导数不连续,使人误以为已经到达目的地。

3.4　博　弈　搜　索

博弈本意指下棋,具有对战的意思。下棋作为是一个典型的博弈过程,显然比八数码拼图游戏更有趣、更复杂。从人工智能诞生起,就有研究者在研究如何让机器下棋。机器博弈也一直被认为是人工智能最具挑战性的研究方向之一。早在 1997 年,IBM 的超级计算机"深蓝"在国际象棋领域战胜了人类的世界冠军。它用到了 $\alpha\text{-}\beta$ 剪枝算法($\alpha\text{-}\beta$ pruning algorithm)。该算法的基本思想是利用已经搜索过的状态对搜索进行剪枝,缩小搜索空间,提高搜索效率。超级计算机"深蓝"用到的搜索技术称为博弈搜索(game search),博弈搜索也是启发式搜索的一个重要应用领域。2016 年,谷歌的人工智能 AlphaGo 围棋机器人战胜了人类顶尖围棋职业棋手,更是成为新一轮人工智能热的导火索。它采用的是深度学习的技术和一些传统的方法。关于深度学习的知识,将在后面的相关章节进行介绍,这里先介绍博弈搜索的一些基本知识。

前面已经讨论过,问题稍微复杂一点,状态空间将会变得非常大,导致暴力搜索在很多情况下不适用。通过对问题进行分析,缩小搜索范围,去掉不必要的搜索路径是算法优化中的一项重要内容,下面将介绍的与或树搜索和剪枝算法都能起到这个作用。

3.4.1　与或树

与或树(and or tree)是一种对复杂问题的简化方法。当一个问题,称之为父问题,可以分解为若干子问题时,这个父问题就变成了具有与关系的若干子问题,子问题之间用一段小圆弧连接标记。当把一个问题进行等价变换,变换成其他容易求解的新问题时,新问题和父问题之间就构成了或关系。于是,有了与树、或树、与或树的概念,如图 3.15(a)、(b)、(c)表示。其中,与或树表示父问题既经过了分解,又经过了等价变换。

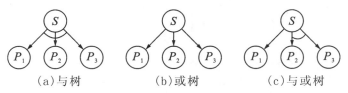

图 3.15　与树、或树、与或树

先来看一些概念解释。

本原问题:不能再分解或变换的,且直接可解的子问题。

端节点:与或树中没有子节点的节点。本原问题所对应的节点显然属于端节点,它又称为终止状态节点,一般用 t 标记。

可解节点:有三种类型,终止状态节点、至少有一个子节点可解的或节点、全部子节点都可解的与节点,都称为可解节点,其他为不可解节点。

解树:由可解节点构成,且由可解节点能推出初始状态节点的子树。一棵与或树可以有存在解树、不存在解树或有多个解树等情况。

与或树搜索和前面介绍过的其他搜索过程也是相似的,基本流程如图 3.16 所示,主要不同之处在于:对当前节点进行扩展时,与或树搜索使用的是分解(与节点)或等价变换(或节点)操作。所以它比较适合用于推理。同时,与或树搜索还需要根据子节点来回溯标记父节点、祖先节点的可解性,这一过程也称为可解标记过程或不可解标记过程。因此,与或树搜索扩展子节点时还需要为其设置指向父节点的指针。对于与节点,要确定其父节点可解,必须确定该父节点的所有子节点都可解。对于或节点,一旦找到了某个节点可解就可以确定其父节点可解了;而如果搜索到某个或节点不可解,则可以回溯去搜索另一个分支。从这个意义上来说,如果是只有或节点的或树,搜索就和深度优先搜索一样了。

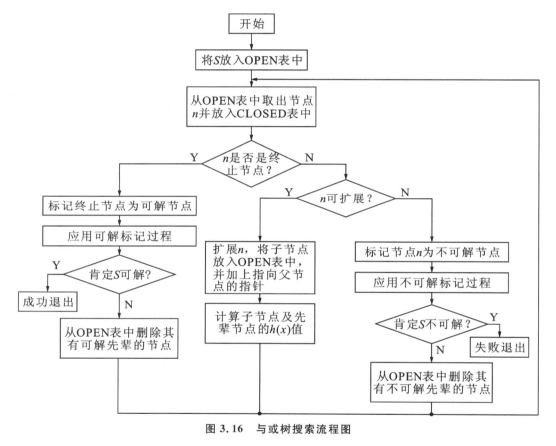

图 3.16　与或树搜索流程图

有了可解标记过程、不可解标记过程,可以很好地提高搜索效率。如果判定某个节点为可解节点,则其不可解的后裔可以删去。如果某个节点为不可解节点,则其全部后裔节点都可删去,但当前这个不可解节点还不能删去,因为在判断其先辈节点的可解性时还会用到。通常,会一直向上标记到初始问题是否可解,这样,在博弈中,把胜利或者失败的状态节点作为终止状态节点,当搜索到终止状态节点时,就可以通过可解标记过程来知道初始状态节点沿着某条路径最终是会失败还是获胜了。

先来看一个将与或图用于命题推理的例子。

例 3.4　假设以下命题逻辑为真：

a

b

c

$a \wedge b \rightarrow d$

$a \wedge c \rightarrow e$

$b \vee c \rightarrow f$

$a \wedge f \rightarrow s$

请判断：s 是否为真？如果 b 不再为真，s 是否依然为真？

解　按照已知逻辑可以画出如图 3.17 所示的与或图，将 s 设置为初始状态节点进行与或图搜索，应用可解标记过程，就可以发现 s 为真，如果 b 不为真，s 依然为真。图 3.17(a)所示为 b 是真的情况，图 3.17(b)对应的是 b 为假的情况，其中 t 标记为终止节点，灰色代表着可解节点的标记。编程实现时，可解标记通常用一个变量使其为 true 或 false 来记录。

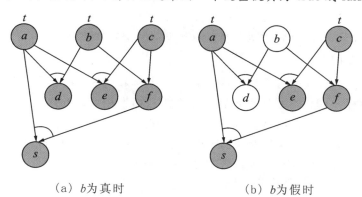

（a）b 为真时　　　　　　（b）b 为假时

图 3.17　例 3.4 与或图

在博弈过程中，往往存在多个可解路径，除了需要找到可解路径以外，还需要找最优路径，这就要考虑路径所消耗的代价了。给与或树的每一条搜索路径以及节点标上所需耗费的代价值，就得到了代价与或树，这样就可以通过计算代价来评估选择某一节点路径的好坏了。关于与或树的代价计算有以下一些规定。

（1）如果 n 是终止状态节点，定义其代价 $c(n)=0$；如果 n 是端节点，但不是终止状态节点，则定义其代价 $c(n)=\infty$。

（2）如果 n 是或节点，$y_1, y_2, \cdots, y_t$ 为其子节点，则 n 节点代价的计算公式为：$c(n)=\min_{1 \leqslant i \leqslant t}(c(n, y_i)+h(y_i))$。

（3）如果 n 是与节点，$y_1, y_2, \cdots, y_t$ 为其子节点，则 n 节点的代价通常用以下两种计算方法中的一种进行计算。

①和代价：$c(n)=\sum_{i=1}^{t}(c(n, y_i)+h(y_i))$，即取其所有子节点代价的和作为其代价。

②最大代价：$c(n)=\max_{1 \leqslant i \leqslant t}(c(n, y_i)+h(y_i))$，即取其所有子节点中最大的代价作为其代价。

例 3.5　计算图 3.18 所示的代价与或树的代价。

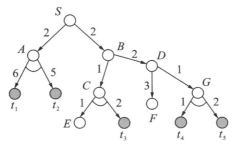

图 3.18 例 3.5 代价与或树

解 由图知,该代价与或树有两个解树,左边解树 S、A、t_1、t_2 和右边解树 S、B、D、G、t_4、t_5。

对于左边解树,用和代价计算与节点的代价,得 $c(A)=11$,$c(S)=13$;用最大代价计算与节点的代价,得 $c(A)=6$,$c(S)=8$。

对于右边解树,用和代价计算与节点的代价,得 $c(G)=3$,$c(D)=4$,$c(B)=6$,$c(S)=8$;用最大代价计算与节点的代价,得 $c(G)=2$,$c(D)=3$,$c(B)=5$,$c(S)=7$。

可以看出,从 S 出发,选择右边解树可以得到代价更小的路径。

3.4.2 博弈树

博弈是参与的各方互为对手竞争的过程。其中零和博弈(zero-sum game)是一种简单且典型的博弈过程。它是指参与博弈的各方收益和损失相加总和永远为零,以一方战胜其他方为目的,参与的各方可以轮流采取行动或者同时采取行动,属于非合作博弈。比如下棋就属于零和博弈。为了进一步简化,还假定博弈过程具有非偶然性和全信息性。非偶然性是指参与方都根据自己的利益得失来理智地选择每一步策略,不存在偶然失误等随机因素;全信息性指的是博弈的规则、当前的格局以及过去的历史为大家所共知,任何一方都能认识到每一步策略对大家可能造成的影响。

这里介绍的博弈树搜索(game tree search)就是用于零和博弈过程,并假定满足非偶然性和全信息性。以两人博弈为例,假定博弈中的双方为 A 和 B(也常被称为 MAX 和 MIN),双方具有相同的关于状态空间的知识,轮流采取行动,结果只有 3 种情况:A 胜、B 胜和平局。在博弈过程中,双方都需要了解当前的格局及过去的历史,选取对自己最有利和对对手最不利的策略。

假如 A 代表我方,B 是对手,那么可供我方选择的若干行动方案之间就是或关系,因为我方可以选其中任意一种作为行动方案。我方自然会选择对自己最优的路径。在我方行动方案的基础上,对手也有若干可选择的行动方案,这些行动方案对我方来说,就相当于是与关系,因为我方要考虑对手的所有方案,换句话来说,就是要考虑到最坏的情况,即对手会选择对我方最不利的行动方案。这样扩展开来,得到的与或树就称为博弈树。

于是,博弈的初始格局即为初始状态节点,我方扩展的节点是或节点,对手扩展的节点为与节点。由于我方和对手轮流采取行动,双方轮流扩展节点,因此或节点和与节点逐层交替出现。所有使我方获胜的终局都是本原问题,相应节点就是可解节点。所有使对手获胜的终局节点都是不可解节点。接下来,问题就变成了如何选一个对我方最有利的行动方案。这就是博弈搜索中常用的极小极大搜索(minimax search)。它是香农在 1950 年提出来的。其中,MAX 方尽量使得自己的优势最大、得分最高,所以 MAX 方会选择极大值;MIN 方则会尽量使 MAX 方的得分最低,所以 MIN 方会选择极小值。在与或树搜索中,或节点向上传递的最小值,指的是代价最小,即最优得分最高。下面以一个简单的游戏作为例子进行说明。

例 3.6　假设我和你玩一种游戏:有一堆牌,我和你必须轮流对它进行分堆操作,分成数量不等的两堆,谁最先没办法继续分堆了,那么谁就输了。比如,4 张牌可以分成 3 张和 1 张,但是不能分为 2 张和 2 张。为了简化,假设这堆牌总共有 7 张,请用极小极大搜索证明后走的总有可能会胜利。

解　首先,按照游戏规则获得游戏过程的状态图,设定 MIN 方先走,按游戏顺序分层,并为每个端节点加上标志 1 或者 0,1 代表 MAX 方胜利,0 代表 MAX 方失败,也就是 MIN 方胜利,如图 3.19 所示。状态节点中的数字代表着牌被分成的状态,比如[2,2,2,1]代表着牌被分成了 4 堆,有 3 堆是 2 张还有 1 堆是 1 张,此时归 MAX 方行动,而且,MAX 方已经无法再将其中某堆牌分成数量不等的 2 堆了,也就是到了这一步,MAX 方会失败,所以标记为 0。

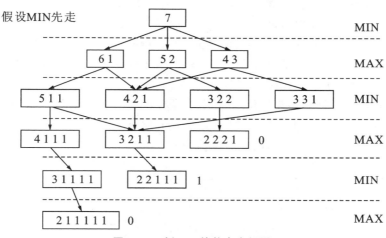

图 3.19　例 3.6 的状态空间图

接下来,进行极小极大搜索(类似于在与或树中由端节点开始向上进行标注),如果父节点是 MAX 节点,则将孩子节点中的最大值传给它;如果父节点是 MIN 节点,则将孩子节点中的最小值传给它,于是得到标注后的状态空间图,如图 3.20 所示。

从图 3.20 中可以看到,后走的 MAX 方始终能找到一条使其端节点的标志为 1 的路径,即后走的一方总有机会赢。

本章"思考与练习"中的第 7 题是余一棋游戏(the nim number game),和例 3.6 类似,可以试着玩一下这个游戏。

从极小极大搜索的过程可以推出博弈树搜索的时间复杂度与空间复杂度和深度优先搜索类似。在很多情况下,博弈的状态空间无法一直展开到端节点,无法进行穷举搜索,所以通常会采用固定层深的极小极大搜索。这称为 n 层预判(n-ply look ahead)。此时,最后一层的节点相当于端节点,但是由于并不是博弈的最终状态,因此无法以胜负来直接赋值,但是可以使用启发函数进行赋值,并向上传播到达当前状态,从而获得从当前状态出发,经过 n 次移动后可以达到具有最佳启发值的路径。

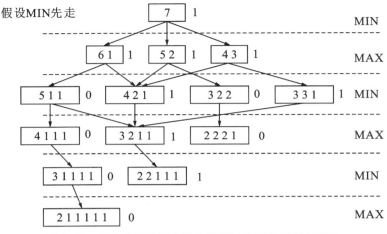

图 3.20 例 3.6 经过极小极大搜索标注后的状态空间图

和前面一样,如果父状态在 MIN 层,则传最小值,如果父状态在 MAX 层,则传最大值,也就是努力使 MIN 层的父状态最小化,使 MAX 层的父状态最大化。

小时候,大家可能玩过一种井字棋的游戏(Tic-Tac-Toe):在一个 3×3 的九宫格棋盘内,两个人轮流画上自己的棋子×或者○,谁先把自己的棋子连成 3 个在同一行、同一列或者同一斜线上,谁就赢了。

为这个游戏可以设计一种启发信息,比如计算 MAX 方存在的所有胜利路径数和 MIN 方存在的所有胜利路径数之差。图 3.21 所示的是井字棋游戏中的一种状态,×可能胜利路径数为 6,○可能胜利路径数为 5,因此启发值 $c(n)=6-5=1$。

图 3.21 井字棋游戏的一种状态

通过 2 层预判的极小极大搜索就可以得到如图 3.22 所示的搜索过程。

这里,×是 MAX 方,○为 MIN 方,双方进行博弈。在图中所示 2 层预判的基础上可以知道,×方应该选启发值最大的,即由 S_0 到 S_3 是最佳路径;此时○方的最优选择是希望使启发值最小,所以○方这时的最佳路径为 S_4。假如×方并不太聪明,选择了 S_2,那么对于○方来说,S_6 将是最佳选择。

井字棋游戏的实现在本章实验参考部分的第三个实验里,提供的 Python 参考代码使用了极小极大搜索来实现这个游戏,在实验中请试着修改代码利用启发信息来实现固定 2 层或 3 层深度的极小极大搜索,并进行对比。

利用启发信息采用固定层深的极小极大搜索可以减少每次做决策的搜索量,然而有可能会产生地平线效应(horizon effect),也就是最远只能看到固定层深,也就是地平线处,看不到地平线以外的状态,所以可能会被有限层深度的特别好状态引诱而导致错误的选择。如果深度设得过大,还有可能导致评估的结果存在偏差。另一种缩小搜索空间的方法称为剪枝技术,接下来介绍 α-β 剪枝技术。

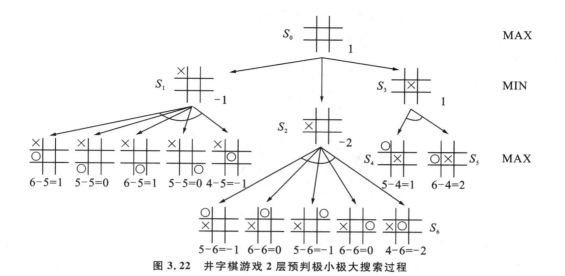

图 3.22　井字棋游戏 2 层预判极小极大搜索过程

3.4.3　α-β 剪枝

在极小极大搜索中,会检查根本不需要去检查的节点。如图 3.23 所示,当搜索完 a、b、c、d、e 时,可以得到 MIN 层的 b 值为 3,即知道其上一层 MAX 层父节点 a 一定大于或等于 3,将 3 设置为 α。继续搜索,当搜索到 g 时,就可以确定 f 将获得的值一定小于或等于 2,将 MIN 层这个 2 设置为 β,$\beta \leqslant \alpha$,表示 f 的值不会再向上传递了,因此此时可以停止搜索 f 的分支,也就是说在 f 的孩子节点只要发现一个比 α 还小的,那么 f 的其余分支就可以剪去,完全不用搜索了。

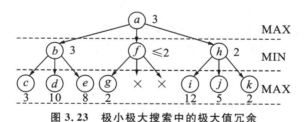

图 3.23　极小极大搜索中的极大值冗余

在后面继续搜索到 i 值为 12 时,得到 h 不会超过 12,即 β 此时为 12;搜索到 j,则更新 h 节点的 β 为 5,表示上限为 5,继续搜索到 k,β 更新为 2,此时 $\beta \leqslant \alpha$,如果还有其他分支,则可以停止搜索。如果假设图中没有 k 节点,h 节点的 β 就更新为 5,那么回溯到 a 节点时,则更新 a 节点的 α 为 5。

也就是在这个剪枝算法中,以深度优先搜索方式推进,搜索过程中产生 α 和 β 两个值,α 只在 MAX 层更新,更新时只取最大值,即不会减小,β 则只在 MIN 层更新,更新时只取最小值,即不会增大。如果节点值为 n,α 为下限,β 为上限,则 $\alpha \leqslant n \leqslant \beta$。

在任一个 MIN 节点下,如果发现了 β 更新时出现小于或等于它的任一个 MAX 祖先的 α,则可以终止对该节点的搜索,将 β 作为该节点的值向上传递。类似地,如果在任一个 MAX 节点下,发现了一个 α 大于或等于它的任一个 MIN 祖先的 β 值,就可以终止对该节点的搜索,将 α 作为该节点的值向上传递。综上,在回溯过程中,出现 $\alpha \geqslant \beta$ 时,进行剪枝操作。

下面再看一个例子。状态空间转换图如图 3.24 所示,采用 α-β 剪枝,初始将 α 设为 $-\infty$,将 β 设为 $+\infty$,进行搜索和回溯标注,未标数字的状态不会被估算,其后继分支都可以剪去。

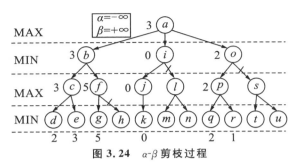

图 3.24　α-β 剪枝过程

可以看出,向上回传时,如果出现 MAX 层的节点值比之前的大,则肯定不会被上一层的 MIN 祖先选中,所以可以剪枝,比如 $f \geqslant 5$,剪去 h 分支并将 f 值设为 5。类似地,出现在 MIN 层的节点只会被上一层选最大的回传,所以在 MIN 层,没出现比之前的值更大的值,就可以剪枝。图 3.24 中的 i 和 o 节点分别不会超过 0 和 2,都比之前在 b 节点出现的 3 小,所以进行剪枝,并将 0 和 2 分别作为 i 和 o 的值用于回传。

关于 α-β 剪枝的应用,可以在本章实验参考部分的第三个实验的扩展部分五子棋游戏设计中增加剪枝过程试试。

◀ 3.5 动态规划 ▶

动态规划(DP,dynamic programming)由美国数学家 Richard Bellman 于 1956 年提出,用来研究多阶段决策过程的优化问题,在数学、计算机、经济学等领域被广泛使用。它也是先将复杂问题分解成简单问题,然后加以解决,核心是在大问题的解决方案中不断地记录和重用已被解决的子问题的解决方案。为了重用子问题的解决方案,它采用了子问题缓存技术,一旦某个给定子问题的解已经算出,就将其记忆化存储,下次再需要计算相同问题时,直接在存储的内容中通过查表获取,每个子问题只计算一次,避免了子问题被大量地重复计算,所以它有时也被称为记录部分子目标解决方案。因为它可以解决一些算法中的重复计算问题,所以在人工智能一些算法的优化上,也经常会采用它。

动态规划有时也称前向后向(forward backward)算法;当使用概率时,称为维特比算法(Viterbi algorithm),这在后面的学习中也会遇到。

动态规划适用于有子问题重叠性质、最优子结构性质且无后效性的问题。子问题重叠性质是指子问题递归分解时并不只出现新问题,有些子问题会重复出现。最优子结构是指问题的最优解所包含的子问题的解也是最优解。无后效性是指分解过程中出现的某个状态一旦确定,将来的过程不会影响到该状态。依据这些性质,我们可以得到采用动态规划求解问题的基本思路如下。

(1)寻找问题的分解方法。一般从问题的结果出发,反向思考问题是什么、子问题又是什么。分解后的子问题应该是有次序的。

(2)考虑存储的问题,确定子问题中会重复计算的状态变量以及存储方法,要求满足无后效性条件。

（3）找出初始条件和边界等限制情况。

（4）分析状态的变化情况,写出状态转移方程,确定好状态变量的计算顺序,比如从前开始往后计算。

下面通过几个例子来学习一下动态规划的思想。

例 3.7　编程实现斐波那契（Fibonacci）数列（0,1,1,2,3,5,8,13,21,34,55,…）的计算函数,也就是:

$$f(0)=0, \quad f(1)=1, \quad f(n)=f(n-1)+f(n-2), \quad n \geqslant 2, \quad n \in \mathbf{N} \quad (3.2)$$

解　首先用常用的递归方式编程实现该函数,代码如下:

```
def fibo_1(n):
    if n==0:
        return 0
    elif n==1:
        return 1
    return fibo_1(n-1)+fibo_1(n-2)
```

这是最佳实现方式吗？可以看一下递归的计算过程。为了简化,用函数 $f(n)$ 代替 fibo_1(n),假设需要计算 $f(10)$,则需要计算 $f(9)$ 和 $f(8)$,而此时 $f(9)$、$f(8)$ 的值还未知,只能放入内存里继续递归计算 $f(9)$ 和 $f(8)$,依此类推,图 3.25 显示了具体计算展开过程。

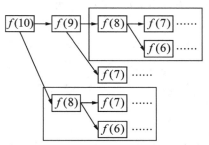

图 3.25　递归计算过程中的大量重复

从图中可以看到有大量的计算是重复的,效率不高,怎么解决？由于之前计算的结果后面还会用到,如果把之前计算的结果都保存起来,按照一定的规律推算后面的结果时,就可以通过在数列中重用子数列来提升效率。代码重新编写如下:

```
def fibo_2(n):
    if n==0:
        return 0
    elif n==1:
        return 1
    y = [0]*(n+1)   # 用于保存中间状态结果,返回有 n+1 个 0 元素的列表
    y[0],y[1]=0,1   # 赋初值
    for i in range(2,n+1):   # 从 y[2]开始向后计算
        y[i]=y[i-1]+y[i-2]
    return y[-1]    # 列表中最后一个即为结果
```

此时,时间复杂度和空间复杂度都变成了 $O(n)$,大大提高了效率。

接着分析。由于只需要求解第 n 项的值,而第 n 项只需要记住前两项的值就行了,因此还能进一步优化,降低空间复杂度。这里,用动态规划的思想来思考,问题是求 $f(n)$,子问题为求 $f(n-1)$ 和 $f(n-2)$。函数重写为:

```
def fibo_3(n):
    a,b=0,1
    for i in range(n):
        [a,b]=[b,a+b]
    return a
```

大家可以对这 3 个不同的实现方法用 Python 的 time. time()统计一下函数的运行时间,做一下对比。

有很多的经典问题都是用动态规划的思想实现求解的,比如青蛙过河问题。

例 3.8   一只小青蛙要通过河里的石头过河,它一次可以往前跳 1 级石头,也可以往前跳 2 级石头,求该青蛙跳到第 n 级石头上,总共有多少种跳法?

解   首先看一下问题的分解方法,很容易分析出跳到第 1 级石头上,只有 1 种方法;跳到第 2 级石头上,有 2 种方法,一级一级跳或者一次跳 2 级。跳到第 3 级或第 3 级以上石头上,如果企图用排列组合的方式去推算,那就会有点麻烦了。这时,按照动态规划的思想反过来想,就会容易很多。

计算青蛙跳到第 n 级石头上的方法时,假设青蛙只可能通过跳 1 级到这里,或者跳 2 级到这里。如果它是跳 1 级过来的,也就说明之前跳到了 $n-1$ 级;如果它是跳 2 级过来的,说明之前它跳到了 $n-2$ 级,所以跳到第 n 级的总方法数 $f(n)=f(n-1)+f(n-2)$。这个就好像和斐波那契数列的公式一样了,只是初始条件有点不同,$f(1)=1$,$f(2)=2$,接下来编程实现就比较容易了。

例 3.9   硬币问题:假设你手上有 2 分、5 分、7 分硬币各若干,请问如何用最少的硬币数组合出 32 分钱。

解   用动态规划的方式来思考,看能不能转化为子问题。首先分析最后一步。假如用的最后一枚硬币是第 k 枚硬币,它只会是 2 分、5 分或 7 分,那么倒数第 2 步就变成了用最少的硬币拼出 30 分(32 分－2 分)、27 分(32 分－5 分)或 25 分(32 分－7 分)。

也就是转成了 3 个子问题,如何用最少的硬币拼出 30 分、27 分、25 分出来,这 3 种情况中最少的硬币枚数加 1 就是拼出 32 分钱的最少硬币数。

用 k 代表第 k 枚硬币,x 代表需要拼的钱数,用 $f(x)$ 代表最少硬币数,为了方便保存,把 $f[x]$ 当作状态。现在问题就变成了 $f[x]=\min(f[x-2]+1, f[x-5]+1, f[x-7]+1)$。

初始状态 $f[0]=0$,是拼不出来的状态,并定义 $f[x<0]=+\infty$ 或 -1,最后在计算顺序上,还需要考虑利用之前计算过的结果。

例 3.10   背包问题(knapsack problem):一种组合优化的 NP 完全(NPC, non-deterministic polynomial complete)问题,给定一组物品,假设数量为 N,每件物品质量为 w_i,价值为 v_i,如果现在有个背包,最大可以装载的质量为 C,请问此时最多能装的价值是多少?假设每种物品最多只能选 1 个。此时该问题又称为 0-1 背包问题。

解　任务要求是根据背包容量和可选的物品找到价值最大的组合。定义函数 $KS(i,j)$ 代表当前背包剩余容量为 j 时，前 i 个物品能获得的最大价值。先来看最后一步，看能否分解出子问题。假设最后准备放第 i 个物品 (w_i, v_i)，那么放入前 $i-1$ 个物品后剩余空间为 j 时，就存在以下两种可能。

(1) 背包剩余空间装不下第 i 个物品，此时 $KS(i,j)=KS(i-1,j)$。

(2) 背包剩余容量可以装下该物品，此时当前的最佳组合方案就只有采用以下两种方式得到：不装该物品得到最大价值，即 $KS(i-1,j)$；装了该物品得到最大价值，即 $KS(i-1,j-w_i)+v_i$。从两者中选较大的那个。因此得到递推关系如下：

$$\begin{cases} KS(i,j)=KS(i-1,j), & j<w_i \\ KS(i,j)=\max(KS(i-1,j),KS(i-1,j-w_i)+v_i), & j>w_i \end{cases} \tag{3.3}$$

需要重复计算的变量就是 $KS(i,j)$。

考虑初始条件和边界条件，当可以放入背包的物品数为 0，或者背包容量为 0 时，能得到的最大价值也为 0。

最后，计算从放入第 1 件物品开始，考虑背包的容量情况，然后递增 1 件物品，再计算背包的容量情况，直到最后满足问题要求。

下面通过一个实例说明动态规划的具体计算过程，表 3.1 所示为物品质量及价值表，假设背包容量最大为 12 kg，计算能装入背包的最大价值。

表 3.1　物品质量及价值表

物品	1	2	3	4	5
价值	3	5	6	10	8
质量／kg	3	4	5	8	5

具体计算过程列在图 3.26 中。图中"v"表示价值，"w"表示质量，按照动态规划的思想，从初始条件开始计算，第 1 行放入物品个数为 0 时，无论背包的容量是多少，最大价值都是 0。接着计算第 2 行，有 1 个候选物品，质量为 3 kg，价值为 3，从左往右，当背包容量大于或等于 3 kg 时，代入式(3.3)计算，得到能够获得的最大价值是 3。依次从上往下，从左往右，编程时通过循环来实现，一直计算到最右下角，即背包容量 $C=12$ kg 时，能够装入的最大价值为 16。

再来看一下分解出的子问题，右下角其实就是考察背包的容量为 12 kg、物品为 5 个的情况下的最大价值。它的上面一项 15 表示背包的容量为 12 kg 时，只有前 4 个物品可放入时的最大价值。第 5 个物品质量为 5 kg，价值为 8，显然背包的容量为 12 kg 时，它也是有可能被放入的。如果把它放入后得到的最大价值比 15 要大，那么肯定会选择放入它的方案。在放入它之前，背包的容量为 12 kg－5 kg＝7 kg，而背包的容量为 7 kg 时，前 4 个物品的最大价值已经在前面的计算过程中得到了，即为 8，如图中虚线框所示，加上第 5 个物品后，价值为 8＋8＝16，大于不考虑它时的 15，所以此处得到的值为两者之间较大的值，即 16。

得到最大价值后，通过回溯就能找到将物品装入背包的方案，如图中箭头所指。从右下角 16 开始，如果向上数值有变化，就表明左边对应的物品是被装入的，然后用当前容量减去该物品的容量，得到在该容量下的最大价值。重复这个过程，向上，如果数值没有变化，如图中虚线框的 8 到实现框的 8 部分，说明得到最大价值时，左边的几个物品没有放入。当发生值改变时，如图中实线框 8 的上面是 3，则重复前面的过程，用此时背包的容量减去左边物品

的质量,7 kg－4 kg＝3 kg,在背包的容量为 3 kg 时,最大价值就是装入第 1 个物品得到的
3。所以装入方案为:选择质量为 3 kg、价值为 3 的物品,质量为 4 kg、价值为 5 的物品和质
量为 5、价值为 8 的物品,得到最大总价值为 8＋5＋3＝16,所占总容量为 3 kg＋4 kg＋5 kg
＝12 kg。

(v,w)	0	1	2	3	4	5	6	7	8	9	10	11	12
Φ	0	0	0	0	0	0	0	0	0	0	0	0	0
(3,3)	0	0	0	3	3	3	3	3	3	3	3	3	3
(5,4)	0	0	0	3	5	5	5	8	8	8	8	8	8
(6,5)	0	0	0	3	5	6	6	8	9	11	11	11	14
(10,8)	0	0	0	3	5	6	6	8	10	11	11	13	15
(8,5)	0	0	0	3	5	6	8	8	11	13	14	14	16

图 3.26　动态规划 0-1 背包问题计算过程说明

例 3.11　最短路径求解问题:找出图 3.27 所示的矩阵中从左上角到右下角的最小路径
和,假设只能向下和向右移动。

$$\begin{pmatrix} ① & 3 & 5 & 7 & 9 \\ 9 & 7 & 5 & 3 & 1 \\ 5 & 4 & 3 & 2 & 1 \\ 3 & 2 & 1 & 0 & 3 \\ 2 & 4 & 3 & 0 & ① \end{pmatrix}$$

图 3.27　最短路径求解问题

解　(1)分析最后一步的计算,看能否转化为子问题。和上一个例子类似,假设最后
一点坐标为 (i,j),从左上角到达时的最小距离为 $DP[i,j]$。由例题条件知,$DP[i,j]$ 的值一
定是其上一点 $DP[i,j-1]$ 或左边点 $DP[i-1,j]$ 再加上 (i,j) 这点的坐标值 $L[i,j]$ 得到的,
所以也就将求 $DP[i,j]$ 变成了求 $DP[i,j-1]$ 或 $DP[i-1,j]$,然后选其中值较小的加上 $L[i,$
$j]$,于是得到式(3.4):

$$DP[i,j]＝\min(DP[i,j-1],DP[i-1,j])+L[i,j] \tag{3.4}$$

(2)存储:用二维矩阵对应位置存储起点到当前点的最小路径和。

(3)初始条件和边界等限制情况:第 1 行和第 1 列就只有 1 条路径,可以直接计算。

(4)计算顺序,第 1 行开始,从左往右,从上到下。

计算过程在此省略,可以作为练习推导或者编程实现试一下,最后可计算出本题答案
为 19。

3.6　实验与设计

3.6.1　用盲目搜索解决传教士与野人过河问题

1.实验目的

通过本实验理解并体会宽度优先搜索和深度优先搜索的基本算法和编程实现,学会建
立状态空间图,并用搜索的方法来解决问题。

2.实验内容

使用 Python 设计程序求解传教士与野人过河问题,分别使用宽度优先搜索和深度优先搜索来实现问题求解。

实验参考代码说明:

(1)复习 Python 中列表元素的添加方法 append()和 pop(),比较一下 pop()和 pop(0)的区别。

(2)在参考代码中,文件 State.py 中设计了一个状态类 State。它包括一些基本属性,比如状态变量"m"、"c"、"dir"和 State 相关的一些参数、参数值限制和缺省值等,以及一些基本方法,比如状态值的合法性判断方法 isValid 方法,依据规则产生合法的后继节点的 successor 方法、addValidSuccessors 方法等。

(3)Python 中没有结构体,所以一般用类来代替 C 语言中的结构体。类属于面向对象的程序设计,具有更多的优点。因此,将方向和参数也定义成类,并存储在文件 Constants.py 中。

(4)Graph.py 中实现了宽度优先搜索和深度优先搜索两种方法。

(5)主文件 Main.py 中用了一个列表 moves 来获取船上所有合法的载人情况,列表中的元素是"(m,c)"元组。该列表作为参数传入 State 类,供 successors 方法调用。Main.py 文件中还实现了两个函数 runBFS 和 runDFS,且这两个函数使用 Graph 类和 State 类作为参数。

3.6.2　用 A* 搜索实现八数码拼图游戏

1.实验目的

通过本实验理解并掌握 A* 搜索的基本思路和编程实现,体会在实际问题中设计代价函数 $g(n)$、启发函数 $h(n)$、评估函数 $f(n)$ 的方法,加深理解启发函数的信息度对搜索过程的影响。

2.实验内容

使用 Python 设计程序实现 A* 搜索算法,并用其实现八数码拼图游戏。

实验参考代码说明:

(1)安装 Pygame 包。

为了使程序界面更友好,本实验参考代码使用了 Pygame 包。Pygame 是为了编写电子游戏设计的一套 Python 模块。它基于 SDL(Simple DirectMedia Layer)库添加了很多功能,以便用 Python 进行游戏以及多媒体程序开发。SDL 库是一个跨平台的开发库,它提供了通过 OpenGL 和 Direct3D 访问键盘、鼠标、显卡等硬件的底层访问接口。

在 Pycharm 中安装 Pygame 包的方法为:选择 File 菜单下的"Settings…",在弹出的对话框中找到"Project"部分的 Python 解释器"Python Interpreter",如图 3.28 所示,检查是否已经安装有 Pygame 包,图中方框处表示已经安装有 Pygame 包,版本为 2.0.1,最新版本也为 2.0.1。如果没有发现"pygame",则表示还没安装 Pygame 包,点击左下角的"＋"号,在接着弹出的窗口中显示了所有可以获得的安装包,找到 Pygame,选定版本号,点击安装按钮即可,如图 3.29 所示。

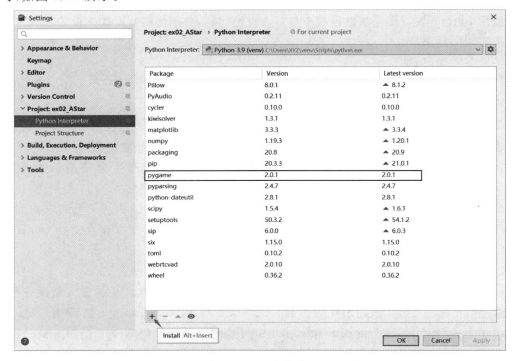

图 3.28　在 Pycharm 中安装 Pygame 包

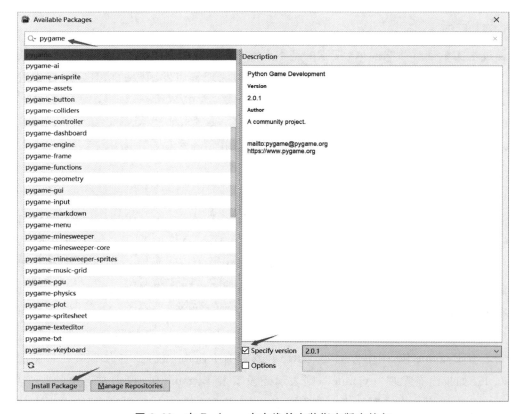

图 3.29　在 Pycharm 中查找并安装指定版本的包

同样,也可以在安装了 Python 环境的命令行中,通过输入"pip install pygame==2.0.1"或"pip3 install pygame==2.0.1"进行安装,pip3 一般对应 Python 3 版本。

Pygame 官方参考文档提供了较详细的教程,网址为:https://www.pygame.org/docs/。这里只对参考代码用到的部分做简要介绍。

(2)参考代码分析。

参考代码中 Py8Puzzle.py 实现了 A* 搜索算法,可供其他模块调用。

Py8Puzzle.py 中使用了 math 和 random 库。首先定义了一个 puzzle 类,它包含初始状态 StartNode 和目标状态 GoalNode 两个列表。在 StartNode 中存放将要放置的一个初始状态,0 代表空格所在位置。为了和第 2 章中的内容一致,参考程序也通过采用列表模拟二维矩阵来表示 9 个格子组成的不同状态。

Py8Puzzle.py 中使用了一个简单的启发信息。可以尝试用不同的启发信息,看看对搜索性能的影响。比如,对比一下完全不用启发信息和用信息度更高的启发信息时,找到解的速度情况。另外,请参考例 3.3 设计出评估函数,构成真正意义上的 A* 搜索。

程序代码中附上了详细的注释,请注意阅读。另外,还可以使用集合 set 来代替列表,避免重复元素。

调试时需要注意,存在某些初始状态无法到达的目标状态。

MyPuzzle.py 借助 Pygame,使用图形化界面模仿了移动过程,它会首先按照初始状态,显示 8 个数字及空格的位置,然后在窗口内任意地方点击后,程序将自动完成解答。空格通过将方格的背景色设置为黑色来体现。

PuzzleTest.py 是为了测试程序性能而设计的,可以统计访问的状态节点数,还可以通过自行添加记录时间的代码来测试算法执行时间。

3.6.3　用极小极大搜索实现井字棋游戏

1. 实验目的

学习和掌握博弈搜索中常用的极小极大搜索方法,理解其在棋类游戏中进行决策的过程和应用方式。

2. 实验内容

(1)使用 Python,采用极小极大搜索实现井字棋游戏。

(2)利用启发值实现 2 层预判极小极大搜索实现该游戏。

实验参考代码说明:

参考代码文件名为"game.py",在命令行方式下实现该游戏。代码中定义了一个 TicTacToe 类,它包括和棋盘相关的各种基本操作,比如打印棋盘函数 show()、检查获胜方 checkWin()、下棋到指定位置(即扩展节点 makeMove(position,player))等。

极小极大搜索算法在 TicTacToe 类的 minimax 方法中实现,采用的是递归操作,递归结束条件为 depth==0 or node.gameOver(),如果是平局,则返回分数为 50,计算机方依靠 AI 算法和人类下棋,参考代码中,计算机方的棋子固定为"O",所以在算法中 O 即表示 MAX 方,并将 O 获胜的分值定为 100 向上传递。人类玩家棋子为"X",即表示 MIN 方,获胜的状态分值为 0。

参考代码中函数 make_best_move(board,depth,player)用来控制极小极大搜索过程,为计算机提供最佳下棋的位置并存入 choices 列表，当存在某个分值比平局分值大时，会直接选择该位置作为移动位置，否则将等于平均分值的没有优势的位置全部添加进 choices 列表，并从中随机选一个位置下棋。

changePlayer 函数用于控制轮流切换计算机玩家和人类玩家。

game.py 代码中并未提供利用启发值实现 2 层预判的极小极大搜索，需要自行设计。

3. 实验扩展

参考以下启发信息，在 15×15 的棋盘上实现五子棋游戏。

对五子棋中的各种状态赋予分值。分值越大，表示自己的优势越大；分值越小，表示对方的优势越大；分值为 0，表示双方局势持平。对于分值的设定，可以采用如下规则：

5 个子相连，此时为赢的状态，给予最大分值 100 000 分；

4 个子相连，两边都未封死，称为活 4，给予 10 000 分，如果有一侧被封死，另一侧则没有，评分降低一档，设为 1000 分；

依次类推，活 3 设为 1000 分，活 2 设为 100 分，活 1 设为 10 分，对应地，死 3 设为 100 分，死 2 设为 10 分。

对方状态需要搜索极小值，可以将对方状态对应分值设为负的作为我方分值，比如对方出现活 3，取其分值为 −1000 分。

参考代码见本书所附资料 gobang_minimax.py 文件。

◀◀◀ 思考与练习 ▶▶▶

1. 什么是搜索？有哪两大类不同的搜索方法？两者有什么区别和联系？

2. 在状态空间搜索过程中，OPEN 表和 CLOSED 表的作用分别是什么？

3. 什么是估价函数？估计函数由哪两个部分组成？它们各有什么作用？

4. 请分析代价树的宽度优先搜索和贪心法搜索的区别和各自的特点。

5. 旅行商问题：设有 5 个相互可直达的城市 A, B, C, D, E，如图 3.30 所示，各城市间的交通费用已在图中标出；旅行商从城市 A 出发，访问每个城市各一次，最后到达城市 E，请找出一条费用最省的路径。

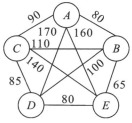

图 3.30　旅行商问题图

6. 状态空间图如图 3.31 所示，经过极小极大搜索过程后，S 和 P_2 的值分别为多少？

7. 余一棋游戏：假设有 10 个球，你和某个同学可以轮流取出其中 1 个或者 2 个，谁能取出最后的 1 个球谁就获胜。请利用所学的知识，找出让你永远获胜的方法。

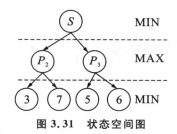

图 3.31　状态空间图

8. 设 0-1 背包问题的具体数据为:背包承重容量 Capacity=10,物品种类数为 5,质量为 $w=[2,2,6,5,4]$,价值为 $v=[6,3,5,4,6]$。请问:怎样往包里装这些物品,可以使得背包里装的物品价值最大化?

## 第 4 章

机 器 学 习

机器学习(machine learning)是人工智能的一个重要研究领域,它的目的是使计算机具备像人一样的学习能力,能够自己在数据中学习,从而进行预测。在人工智能的概念被提出不久,即 1959 年,机器学习的概念也被计算机科学家亚瑟·塞缪尔提出:"机器学习是不使用确定性编程使计算机具备学习的能力的研究领域。"

机器学习包括很多的算法和模型,不同的应用领域和输出要求对算法和模型的需要也可能会不同,而现阶段最热的深度学习技术就是机器学习的一个发展方向。图 4.1 简单示意了人工智能、机器学习、深度学习以及目前同样发展比较迅速的大数据(big data)和数据挖掘(data mining)之间的关系。

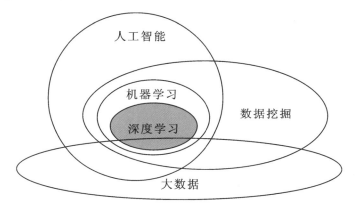

图 4.1　人工智能、机器学习、深度学习、大数据、数据挖掘之间的关系

本章将主要介绍机器学习的基本概念、传统的一些主要机器学习技术及其应用方法,这些也是深度学习技术的基础。

◀ 4.1　概　　述 ▶

机器学习的定义有许多,其中一种定义是"某计算机程序可以自主学习任务 T 的经验 E,从而改善其对于任务 T 的处理性能 P",由卡内基-梅隆大学的汤姆·米切尔(Tom M. Mitchell)教授提出。这个定义给出了机器学习中的一些明确的对象:任务(T,task)、经验(E,experience)和性能(P,performance)。如果将语音识别看作是任务,经验就是语音和文字的对应关系,性能就是识别正确率。这也为我们提供了机器学习研究的基本思路,首先就是将现实生活中的任务抽象成数学模型,并弄清楚模型中的参数和任务之间的关系,比如建立语音的产生模型,分析声道模型参数和语音之间的关系,找出区分不同语音的特征,选用合适的算法建立识别方法模型等,然后用这个模型去学习语音和文字之间的对应关系,使其适应于任务,最后还需要评估这个模型用于语音识别性能如何、是否可以很好地完成识别任务。

这里,进一步可以看到机器学习的前提条件,那就是首先要有足够多的数据,这些数据的背后必须有一个潜在的模式或规律,并且这个模式或规律一般都很难用数学公式定义,这样的任务就可以考虑用机器学习来实现了。

机器学习的应用是很广泛的,从任务出发,大致可以将机器学习的用途分为以下几类:

(1)分类或预测趋势:对数据进行识别或自动在大型数据库中寻找预测性信息。

(2)发现事物之间的关系:几个变量的取值之间存在某种规律性,称为关联,它是一种可被发现的知识,通过机器学习可以从数据中找到这种关联关系。

(3)按特征自动归类:将数据库中的记录划分为一系列有意义的子集。

(4)异常值检测:从数据库中检测偏差,找出异常记录。

当然,还有其他类型的任务,以上只是对机器学习的应用做简要介绍。

通常,按照学习能力分类,机器学习可以分为三大类:监督学习(supervised learning)、非监督学习(unsupervised learning)和弱监督学习(weakly supervised learning)。另外,还有半监督学习(semi-supervised learning)的概念,它可以看作是弱监督学习的一种。

监督学习是对具有标签的数据集进行学习。在学习的过程中,每一个输入模型进行学习和训练的数据都会告诉模型它对应的输出是什么,通过该数据来调整模型参数,对输入和输出建立映射关系。比如在手写数字识别中,用于训练的数据就包括手写数字的图像数据和每个图像对应的数字是几的标签数据。它是目前机器学习最广泛使用的一类方法,但是这类方法通常对数据及其标签的依赖性很大,并且在许多任务中,数据的标注成本很高,导致很难获得大量有标注的数据或者很难获取全部的真值这样的标注信息。

非监督学习中用到的数据是不需要标签的,它能从训练数据本身找到有用的信息,比如数据间的隐含关系或者统计规律等。它通过模型不断自我认知、自我巩固,最后进行自我归纳,从而实现学习过程,所以比较适合用于数据挖掘的场景。由于非监督学习的数据没有标签,因而非监督学习在实际应用中还存在许多局限,目前还处于研究和发展阶段。

针对监督学习和非监督学习各自的优缺点,又提出了弱监督学习的概念。它使用部分有标签的数据、其余大量的无标签或者粗糙标签数据来进行模型的学习。弱监督学习一方面大大降低了数据标注的工作量,另一方面使用人类的标记信息进行监督,成为当前机器学习领域的重要研究方向。它包括不完全监督(incomplete supervision)、不确切监督(inexact supervision)和不精准监督(inaccurate supervision)三种类型。

机器学习显然离不开数据。很多样本数据组成的集合称为数据集(dataset)。这里推荐一个在机器学习领域里非常有名的网站 Kaggle(www. kaggle. com)。该网站成立于 2010 年,2017 年被谷歌收购,是一个进行数据挖掘和预测竞赛的在线平台,里面有许多竞赛,且个人和团队都可以参加,除了有奖金以外,每项竞赛都提供了样本数据集和对期望输出的描述,吸引了大量的数据科学爱好者。

Kaggle 上还提供了一个不用安装,可进行用户定制的 Jupyter Notebooks 环境,使人们可以方便地学习和使用免费的 GPU 以及社区发布的大量数据集和代码。另外,Kaggle 上还有大量的免费学习资源。

4.2 监督学习

监督学习的监督体现在提供给机器进行学习和训练的数据集上,数据集中的每个样本数据都有一个标签,就好比是给机器学习的数据既包括问题又包括问题的答案。比如,鸢尾花数据集(iris dataset)是机器学习里被广泛使用的一个数据集,包含 3 个品种的鸢尾花 4 个属性的 150 条测量记录。4 个属性分别是花萼的长、花萼的宽、花瓣的长和花瓣的宽。同时,该数据集中还记录了每条测量记录对应的是什么品种的鸢尾花。这样,在监督学习中,训练机器进行学习时,需要在提供给机器这些长和宽的测量数据的同时,告诉机器这些测量记录分别对应的是什么品种的鸢尾花。等机器学习的模型建立好后,就可以用不带标签的数据测试它,看机器预测出来的鸢尾花品种和真实品种是否一致。当你发现测试的结果还不错时,如果你看到一朵鸢尾花,只需要测量一下它的花萼和花瓣的长和宽,告诉机器,等机器输出了结果,你就知道这是哪个品种的鸢尾花了。

以上的例子还描述了监督学习的一个主要预测任务——分类(classification)。

监督学习有两个主要任务,即分类和回归(regression)。

分类是指机器能够指出输入是属于 k 个不同种类中的哪一类,用于离散型的预测。比如,预测某个股票是涨还是跌。有时,分类问题输出的是输入属于不同类别的概率分布。另外,像人脸识别之类的对象识别问题也可以归到分类问题。

回归是指机器能够对给定的输入预测一个连续的、具体的数值。比如预测某个股票的价格、预测一个人的年龄、支付宝里为你给出芝麻信用分数等都属于回归问题。

下面,将介绍常用的一些监督学习算法及其应用。

4.2.1 决策树

决策树(DT,decision tree)被广泛应用于数据挖掘尤其是机器学习等领域,是一种简洁并且实用的监督学习算法。它的目的是通过对输入数据的学习建立一棵树结构的模型,对目标变量进行预测。由于模型建立以后进行预测的过程和人类进行决策的过程很相似,因而称为决策树。

比如,有人要给你推荐工作,如果你用如图 4.2 所示的图告诉他你的要求,那么他就会很容易提前帮你筛选出你会去参加面试的公司了。

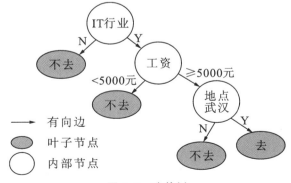

图 4.2 决策树

你不告诉他你的要求,只是他每次给你推荐工作的时候,告诉你工作内容、工资是否超过 5000 元和工作地点是否在武汉等信息,你告诉他你去还是不去参加面试。等他多推荐几次后,如果他自己能总结出你的工作要求,比如再遇到不是 IT 行业的工作,他就知道不用给你推荐了,他能够预测出来你应该是不会去的,就说明他通过之前这些数据和你的答案已经发现你对工作的要求了,也就是学习到了图 4.2 所示的那棵决策树,并能用它来预测出哪些工作再推荐给你你会去参加面试。

图 4.2 说明了决策树的基本构成,它包括内部节点、叶子节点和有向边,从根节点开始,到叶子节点结束。内部节点也称为分支,为测试内容或特征值;叶子节点为结论。按照任务的不同,决策树也相应地可以分为分类树和回归树两类。

决策树的特点就是能从给定的数据集中找规律,对新数据进行正确分类,或者说是能由训练数据集的特征空间来估计分类空间的条件概率模型。更通俗一点说,就是给定了你数据和分类,结果让你可以进行监督学习,通过决策树的方法进行学习,它能找出哪个节点做根节点更好。

决策树的主要优点如下:

(1)既可以用于回归问题,也可用于分类问题;

(2)算法相对比较简单,分类速度、效率相比其他一些分类算法更快、更高;

(3)能用于非线性空间数据的分类。

主要缺点是:可能会产生过度匹配(也叫过拟合(overfitting))。具体来说,就是得到的决策树对用于训练的已知数据,可以进行很好的分类和拟合,但是对于新的没有训练过的数据,分类或拟合的结果并不好。

出现过拟合,主要原因还是对业务逻辑的理解还不透彻,导致样本数据有问题或者决策树构建方法不合理。样本问题可能是由样本里噪声数据干扰过大、样本抽取错误、样本太少、建模时使用了样本中的太多无关输入变量等造成的。比如上面找工作的例子,给你推荐工作的人在你决定是否参加面试的数据中额外加上公司名字长度、面试官性别、面试日期是否是奇数等变量,就很有可能将某些纯属巧合的因素当成你是否参加面试的关键因素了。另外,在决策树模型构建中,如果不去控制决策树的生长,就可能导致每个叶子节点只包含单纯事件数据或非事件数据,这样对于训练数据会很好,可是对于新数据就会很糟。针对这一点,在决策树构造中还会加入剪枝(pruning)过程,提前停止决策树生长或者对已经生成的决策树按照一定规则进行修剪。

决策树的构造通常包括三个部分:特征选择、决策树生成和决策树修剪。具体的构造过程如下:

(1)递归地选择最优特征,并根据该特征将训练数据划分成不同的数据子集,使各数据子集有一个在当前条件下最好的分类;

(2)由根节点开始分割,一直到叶子节点;

(3)如果有数据子集不能被正确分类,则对其选择新的最优特征,继续分割,递归进行,直到所有数据子集被基本正确分类或没有合适特征为止;

(4)每个子集都被分到叶子节点,即有了明确分类,决策树形成;

(5)对决策树进行简化。

下面对决策树的这三个部分分别进行介绍。

1. 特征选择

究竟选择用哪个特征来划分数据呢？基本原则就是将无序的数据变得更有序。所以首先要解决如何表示数据有序的程度这一问题，这样才能知道数据是否变得更有序了。如果学过信息论或者通信原理，就会知道可以采用熵（entropy）的概念对信息进行量化。熵的取值范围为 0～1，它可以反映随机变量的不确定性程度，熵越大，就表示随机变量的不确定性越大。如果是一堆杂乱无章的数据，熵值就会很大，而一旦数据变得有序了，熵值就会变小。

先看一下信息的熵计算公式：

$$H(X) = -\sum_{i=1}^{n} p(x_i) \log_2 p(x_i), \quad n \text{ 为分类数} \tag{4.1}$$

它反映的是所有可能发生的 X 事件带来的信息量的期望。熵计算公式中对概率取对数的底可以是 2，也可以是 e，由换底公式可知两者只是差了一个固定的倍数 ln2 而已。

如果 Y 也是随机变量，可以取不同的值，那么 X 在 Y 条件下的不确定性，也就是在 Y 条件下 X 的熵的数学期望就称为条件熵（conditional entropy），其计算公式为：

$$H(X \mid Y) = \sum_{i=1}^{n} H(X \mid Y = y_i) p(Y = y_i) \tag{4.2}$$

如果以上两个计算公式中的概率是由数据估计而来的，尤其是采用的是最大似然估计，那么这两个计算公式所表示的熵就可以分别称为经验熵和经验条件熵。假设数据集为 D，分成了 K 类，C_k 为第 k 类数据子集，重新改写这两个计算公式，数据集 D 的经验熵公式为：

$$H(D) = -\sum_{k=1}^{K} \frac{|C_k|}{|D|} \log_2 \frac{|C_k|}{|D|} \tag{4.3}$$

针对某个特征 A，它有 n 种取值，数据集 D 的经验条件熵公式为：

$$H(D \mid A) = \sum_{i=1}^{n} \frac{|D_i|}{|D|} H(D_i) = -\sum_{i=1}^{n} \frac{|D_i|}{|D|} \left(\sum_{k=1}^{K} \frac{|D_{ik}|}{|D_i|} \log_2 \frac{|D_{ik}|}{|D_i|} \right) \tag{4.4}$$

其中，D_i 表示 D 中特征 A 取第 i 个值得到的数据子集，D_{ik} 表示 D_i 中属于第 k 类的数据子集。

进一步，引入信息增益（information gain）的概念，其定义为划分之前的熵减去划分之后的熵（划分之后的熵为条件熵）。信息增益计算公式如下：

$$G(D, A) = H(D) - H(D \mid A) \tag{4.5}$$

也就是求划分之后熵的下降值。以某个特征进行划分，使得熵下降得越多，说明用这个特征划分得到的数据越有序。这样，就给选择特征提供了一种依据，即选取能使信息增益最大的分类特征对数据集进行划分。

下面，通过一个例子来看一下具体计算方法。

例 4.1 假设有贷款申请数据如表 4.1 所示，计算该表"是否批准"项的经验熵以及在"是否有自己的住房"条件下的条件经验熵，并计算以"是否有住房"进行划分后的信息增益。

解 通过对表进行统计，发现总共有 15 条数据，"是否批准"项有两类，即 9 个是、6 个否。代入式（4.3），$H(D) = -\frac{9}{15} \log_2 \frac{9}{15} - \frac{6}{15} \log_2 \frac{6}{15} = 0.971$。

"是否有自己的住房"数据有两种,即有自己的住房 6 个和没有自己的住房 9 个。在这个条件下,有自己的住房的 6 条记录中获批贷款和未获批贷款的记录分别为 6 条和 0 条,经验熵为 $H(D \mid A = 有住房) = 0$;没有自己的住房的 9 条记录中获批贷款和未获批贷款的记录分别为 3 条和 6 条,经验熵为 $H(D \mid A = 无住房) = -\frac{3}{9} \log_2 \frac{3}{9} - \frac{6}{9} \log_2 \frac{6}{9} = 0.918$,由式(4.4)求出经验条件熵为 $H(D \mid A) = \frac{6}{15} \times 0 + \frac{9}{15} \times 0.918 = 0.551$。

所以由式(4.5)计算得到信息增益为 $G(D, A) = 0.971 - 0.551 = 0.42$。

表 4.1　贷款申请数据表

ID	年龄	有工作	有自己的住房	信贷情况	是否批准
1	青年	否	否	一般	否
2	青年	否	否	好	否
3	青年	是	否	好	是
4	青年	是	是	一般	是
5	青年	否	否	一般	否
6	中年	否	否	一般	否
7	中年	否	否	好	否
8	中年	是	是	好	是
9	中年	否	是	非常好	是
10	中年	否	是	非常好	是
11	老年	否	是	非常好	是
12	老年	否	是	好	是
13	老年	是	否	好	是
14	老年	是	否	非常好	是
15	老年	否	否	一般	否

将信息增益作为划分依据就构成了决策树中的 ID3(iterative dichotomiser 3,第三代迭代二分器)算法的核心。另外,还有其他一些常用的构造决策树的算法,比如 C4.5 算法和 CART(classification and regression tree,分类与回归树),它们分别选择其他类似的参数——信息增益比(gain ratio)和基尼指数(gini index)作为数据划分依据。

将信息增益作为划分依据存在一个问题,即会比较偏好可取值数目较多的特征,这种特征的信息增益往往较大。信息增益比,也称为信息增益率,能克服这一缺点。它是信息增益与划分前熵的比值,其计算公式为:

$$G_R(D, A) = \frac{G(D, A)}{H(D)} \tag{4.6}$$

然而信息增益比会偏向可取值数目较少的特征,因为这种特征 $H(D)$ 容易偏小,也就是信息增益比公式(4.6)中的分母容易较小,导致信息增益比偏大,所以在 C4.5 算法中并未直接找信息增益比最大的特征进行划分,而是首先找信息增益高于平均值的特征,然后从中选择信息增益比最大的特征。

由于信息增益和信息增益比都需要计算对数,因此 CART 算法选用了基尼指数这一参数作为划分依据,其计算公式为:

$$\mathrm{Gini}(D) = \sum_{k=1}^{K} \frac{|C_k|}{|D|}\left(1 - \frac{|C_k|}{|D|}\right) = 1 - \sum_{k=1}^{K}\left(\frac{|C_k|}{|D|}\right)^2 \tag{4.7}$$

其中,k 代表类别。

特征 A 条件下集合 D 的基尼指数计算公式为:

$$\mathrm{Gini}(D|A) = \sum_{i=1}^{n} \frac{|D_i|}{|D|}\mathrm{Gini}(D_i) \tag{4.8}$$

因为 CART 为二叉树,所以是二分类,即只分为两类,于是式(4.8)可以写为:

$$\mathrm{Gini}(D|A) = \frac{|D_1|}{|D|}\mathrm{Gini}(D_1) + \frac{|D_2|}{|D|}\mathrm{Gini}(D_2) \tag{4.9}$$

基尼指数反映了从数据集中随机抽取样本,其类别标记不一致的概率,代表了数据的不纯度,取值范围也是介于 0 到 1 之间,越小代表数据的不纯度越低,数据越有序,特征越好,所以选取基尼指数最小的特征进行数据划分,相当于基尼指数增益最大。

针对例 4.1,由式(4.6)不难算出以"是否有住房"划分的信息增益比为:

$$G_R = \frac{0.42}{0.971} = 0.433$$

由式(4.7)、式(4.8)得到其由"是否有住房"划分的基尼指数为:

$$\mathrm{Gini}(D|A) = \frac{6}{15}\mathrm{Gini}(D_1) + \frac{9}{15}\mathrm{Gini}(D_2)$$

$$\mathrm{Gini}(D_1) = 1 - \left[\left(\frac{6}{6}\right)^2 + \left(\frac{0}{6}\right)^2\right] = 0, \quad \mathrm{Gini}(D_2) = 1 - \left[\left(\frac{3}{9}\right)^2 + \left(\frac{6}{9}\right)^2\right] = 0.444$$

$$\mathrm{Gini}(D|A) = 0.4 \times 0 + 0.6 \times 0.444 = 0.266$$

2.决策树生成

前面提到的 ID3 算法、C4.5 算法和 CART 算法都是常用的决策树生成算法,决策树生成的过程基本都按照图 4.3 进行迭代。

下面具体来看一下 ID3 算法及其实现。

ID3 于 1975 年由澳大利亚科学家 Ross Quinlan 提出。ID3 算法中并未考虑剪枝的问题。该算法的输入是训练数据集 D、特征集 A、信息增益阈值 ε;输出为决策树 T。基本过程如下:

(1)若 D 中所有数据属于同一类 C_k,则 T 为单节点树,将 C_k 作为该节点的类标记,返回 T;

(2)若 A 为空,则 T 为单节点树,将 D 中数据最多的类 C_k 作为该节点的类标记,返回 T;

(3)否则,计算 A 中各特征对 D 的信息增益,选择最大的特征 A_g;

(4)如果 A_g 的信息增益小于信息增益阈值 ε,则置 T 为单节点树,将 D 中数据最多的类 C_k 作为该节点的类标记,返回 T;

(5)否则,对 A_g 的所有取值 a_i,依照 $A_g = a_i$ 将 D 分为若干子集 D_i,把 D_i 中数据最多的类作为类标记,构造子节点,由节点及其子节点构成树 T,返回 T;

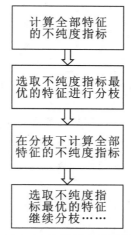

图 4.3　决策树生成过程

（6）对第 i 个子节点，以 $D=\{D_i\}$ 为训练数据集，以 $A=\{A_g\}$ 为特征集，递归调用步骤（1）～（5），得到子树 T_i，返回 T_i。

针对表 4.1 中的数据，看一下 Python 实现方法，下面说明了主要代码，完整代码参考实验部分。

首先，需要选择合适的知识表示方法来表示数据集中的数据，为了简化，对数据内容做了简单映射：年龄段（0，青年；1，中年；2，老年），有工作（0，否；1，是），有自己的房子（0，否；1，是），信贷情况（0，一般；1，好；2，非常好），是否贷款（no，否；yes，是）。这部分并非必要。

Python 中可以用列表来存储每个数据，用二维列表存储表格。

```python
def createDataSet():
    # 数据集
    dataSet= [[0,0,0,0,'no'],
             [0,0,0,1,'no'],
             [0,1,0,1,'yes'],
             [0,1,1,0,'yes'],
             [0,0,0,0,'no'],
             [1,0,0,0,'no'],
             [1,0,0,1,'no'],
             [1,1,1,1,'yes'],
             [1,0,1,2,'yes'],
             [1,0,1,2,'yes'],
             [2,0,1,2,'yes'],
             [2,0,1,1,'yes'],
             [2,1,0,1,'yes'],
             [2,1,0,2,'yes'],
             [2,0,0,0,'no']]
```

```
# 分类属性
labels= ['年龄段','有工作','有自己的房子','信贷情况']
# 返回数据集和分类属性
return dataSet,labels
```

程序中需要反复进行经验熵的计算,这通过函数 calcShannonEnt(dataSet)实现,且输入变量为数据集列表,输出经验熵的值。程序中还有其他一些功能,也都设计成函数的形式,这样不仅方便使用,而且代码更简洁和便于阅读。

```
def calcShannonEnt(dataSet):
    # 返回数据集行数
    numEntries=len(dataSet)
    # 保存每个标签(label)出现次数的字典
    labelCounts={}
    # 对每组特征向量进行统计
    for featVec in dataSet:
        currentLabel=featVec[-1]  # 提取标签信息
        if currentLabel not in labelCounts.keys():  # 如果标签没有放入统计次数的字典,添加进去
            labelCounts[currentLabel]=0
        labelCounts[currentLabel]+=1  # label 计数

    shannonEnt=0.0  # 经验熵
    # 计算经验熵
    for key in labelCounts:
        prob=float(labelCounts[key]) / numEntries  # 选择该标签的概率
        shannonEnt-=prob*log(prob,2)  # 利用公式计算
    return shannonEnt  # 返回经验熵
```

chooseBestFeatureToSplit(dataSet)函数用来寻找信息增益最大的特征,并返回其索引值和最大信息增益。

```
    def chooseBestFeatureToSplit(dataSet):
    # 特征数量
    numFeatures=len(dataSet[0])-1
    # 计算数据集的经验熵
    baseEntropy=calcShannonEnt(dataSet)
    # 信息增益
    bestInfoGain=0.0
    # 最优特征的索引值
    bestFeature=-1
    # 遍历所有特征
```

```
    for i in range(numFeatures):
        # 获取 dataSet 的第 i 个特征的所有取值
        featList=[example[i] for example in dataSet]
        # 创建 set 集合{},元素不可重复,相当于去掉了 featList 中重复的元素
        uniqueVals=set(featList)
        # 经验条件熵
        newEntropy=0.0
        # 计算信息增益
        for value in uniqueVals:
            # subDataSet 划分后的子集
            subDataSet=splitDataSet(dataSet,i,value)   # 第 i 个特征的某类
            # print(subDataSet)   # 用于调试
            # 计算子集的概率
            prob=len(subDataSet)/float(len(dataSet))
            # 根据公式计算经验条件熵
            newEntropy+=prob*calcShannonEnt((subDataSet))
        # 信息增益
        infoGain=baseEntropy-newEntropy
        # 打印每个特征的信息增益
        print("第%d 个特征的信息增益为%.3f" %  (i,infoGain))
        # 计算信息增益
        if (infoGain>bestInfoGain):
            # 更新信息增益,找到最大的信息增益
            bestInfoGain=infoGain
            # 记录信息增益最大的特征的索引值
            bestFeature=i
# 返回信息增益最大的特征的索引值、最大信息增益
return bestFeature,bestInfoGain
```

函数 splitDataSet(dataSet,axis,value)实现以某个特征值划分数据集。

```
def splitDataSet(dataSet,axis,value):
# 创建返回的数据集列表
retDataSet=[]
# 遍历数据集
for featVec in dataSet:
    if featVec[axis]==value:
        # 去掉 axis 特征
        reduceFeatVec=featVec[:axis]
        # 将符合条件的添加到返回的数据集
        reduceFeatVec.extend(featVec[axis+ 1:])
        retDataSet.append(reduceFeatVec)
# 返回划分后的数据集
return retDataSet
```

决策树的生成过程也相当于是机器学习中的训练过程，主要由 createTree（dataset，labels，featLabels，epsilon）函数实现，其中代码注释部分标注的 Step1～Step6 对应着前面介绍过的 ID3 算法基本过程中的 6 个步骤，且 Step5 包含在了 Step6 递归调用的函数参数中。

```python
def createTree(dataSet,labels,featLabels,epsilon):
    # 取分类标签(是否放贷:yes or no)
    classList=[sample[-1] for sample in dataSet]
    # Step1
    # 如果类别完全相同,则停止继续划分
    if classList.count(classList[0])==len(classList):
        return classList[0]
    # Step2
    # 遍历完所有特征后返回出现次数最多的类标签
    if len(dataSet[0])==1:        # 说明属性标签遍历完了
        return majorityCnt(classList)
    # Step3
    # 选择最优特征
    bestFeature,bestInfoGain=chooseBestFeatureToSplit(dataSet)
    # 最优特征的标签名称
    bestFeatLabel=labels[bestFeature]
    featLabels.append(bestFeatLabel)
    # Step4
    # Ag 信息增益是否小于阈值
    if bestInfoGain< epsilon:
        return majorityCnt(classList)
    # 根据最优特征的标签生成树
    myTree={bestFeatLabel: {}}
    # 删除已经使用的特征标签
    del (labels[bestFeature])
    # 得到训练数据集中所有最优特征的属性值
    featureValues=[sample[bestFeature] for sample in dataSet]
    # 去掉重复的属性值
    uniqueValues=set(featureValues)    # set()函数创建无序不重复元素集合
    # Step5,Step6
    # 遍历特征,递归调用创建决策树
    for value in uniqueValues:
        subLabels=labels[:]
        myTree[bestFeatLabel][value]=createTree(splitDataSet(dataSet,bestFeature,
value),
                                    subLabels,featLabels,epsilon)
    return myTree
```

完整代码参考本书所附文件\ex4_1_DT\DecisionTree01_ID3.py,其输出如下:

```
{'有自己的房子':{0:{'有工作':{0:'no',1:'yes'}},1:'yes'}}
```

它采用字典嵌套的方式表示树结构,对应的决策树如图 4.4 所示。

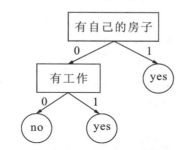

图 4.4　表 4.1 数据对应的决策树示例

在应用决策树进行预测时,主要就是通过一系列的 if…elif…else 结构,根据输入数据的特征项进行选择。

ID3 算法虽然比较简单,但应用还是很广泛的,比如 Ross Quinlan 用它预测国际象棋最后阶段白方一个王一个车,黑方一个王一个骑士,导致黑方 3 步以内输掉的棋局能,特征采用了 23 个不同的高层次棋局属性。

ID3 算法的缺点也比较明显:一是使用信息增益进行特征选择会偏向可取值较多的特征,而且信息增益阈值 ε 不容易设定;二是如果样本特征很多,则产生的树容易过深,最终导致模型泛化能力较差,出现过拟合;三是无法处理连续值特征和没有剪枝过程。

C4.5 算法和 CART 算法也是常见的决策树生成算法,算法流程和 ID3 算法类似。

其中,C4.5 算法由 Ross Quinlan 在 1993 年提出,可以看作是对 ID3 算法的一个扩展。它在选择特征进行划分时,会综合考虑信息增益和信息增益比,在信息增益高于平均水平的特征中选取信息增益比最大的特征。另外,它考虑了将取值为连续值的特征进行离散化处理的方案。假设某个数据集中包含每天的平均气温这个特征和是否开空调的数据,气温对应的取值就是连续值 25.3(N)、22.1(N)、35.1(Y)、33.6(Y)、23.7(N)、20.5(N)、31.0(Y),C4.5 算法首先会对其进行升序排序,得到 20.5(N)、22.1(N)、23.7(N)、25.3(N)、31.0(Y)、33.6(Y)、35.1(Y),然后选取相邻的两个值之间的中点作为切分数据集的备选点,这样,N 个数据就会产生 $N-1$ 个备选点,比如,20.5 和 22.1 之间就可以产生备选点($\leqslant$21.3 和 $>$21.3),然后计算这 $N-1$ 种情况下的信息增益,选择信息增益最大的备选点作为最佳划分点,然后计算其信息增益比并作为该特征划分的信息增益比。为了避免算法倾向于选择连续值的特征作为最佳划分点,计算信息增益比时还需要对信息增益的值进行修正,即减去 $\log_2 \dfrac{N-1}{|D|}$,其中 N 是连续值的特征的取值个数,D 为训练数据数。为了减少运算量,对于 $N-1$ 个备选点,只计算会使分类发生变化的备选点的信息增益,比如对于上面的气温数据,就可以只选择 25.3 和 31.0 之间的中点($\leqslant$28.15 和 $>$28.15)计算信息增益。

在实际应用中,还可能会遇到一个问题,就是数据集中的数据不完整,出现缺失值。这个时候该怎么办呢?如果直接丢弃数据,就造成了浪费。要解决这个问题,就要考虑 3 种情况下的处理方案。

首先是特征选择问题,以对应特征下没有缺失的样本数据进行计算,比如计算该特征没有缺失情况下的信息增益;然后乘以没有缺失的样本占总样本的比例值进行修正,作为该特征的信息增益;最后还是和以前一样,选择信息增益最大的特征进行数据划分。

在进行数据划分时,又会遇到问题,就是对该特征下缺失的数据该如何划分? 这时,可以引入权重的概念,将缺失该特征的数据按一定权重分配到该特征的不同取值分支中,权重则可以按该特征不同分支无缺失数据占总无缺失数据的比例给出。这样在该分支下,无缺失的数据权重为1,缺失的数据则按一定比例划拨了一份过来,也可以看作是不缺失了,只是权重不为1,接下来的计算就相同了,只是在统计计数时,要注意缺失项的权重值不是1。下面以表4.2为例,计算一下相关信息增益。

例 4.2 计算表 4.2 中按照"是否有自己的住房"划分后的信息增益以及在该划分下,进一步计算将"无自己的住房"的数据按照"是否有工作"进行划分的信息增益。

表 4.2 有缺失项贷款申请数据表

ID	年龄	有工作	有自己的住房	信贷情况	是否批准
1	青年	否	否	一般	否
2	青年	否	否	好	否
3	青年	是	否	好	是
4	青年	是	是	一般	是
5	青年	/	否	一般	否
6	中年	否	否	一般	否
7	中年	否	否	好	否
8	中年	是	是	好	是
9	中年	否	是	非常好	是
10	中年	/	是	非常好	是
11	老年	/	是	非常好	是
12	老年	否	是	好	是
13	老年	是	/	好	是
14	老年	是	/	非常好	是
15	老年	否	否	一般	否

解 首先按照无缺失项计算按照"是否有自己的住房"划分的信息增益,表中统计信息为:总共15条信息,有13条无缺失记录(7获批,6否),7条没自己的住房(1获批,6否),6条有自己的住房(6获批,0否)。

按照"是否有自己的住房"划分之前,信息熵为

$$H(D') = -\left(\frac{7}{13} \log_2 \frac{7}{13} + \frac{6}{13} \log_2 \frac{6}{13} \right) = 0.481 + 0.515 = 0.996$$

划分之后,有

$$H(D' \mid A) = \frac{7}{13} \times \left(-\frac{1}{7} \log_2 \frac{1}{7} - \frac{6}{7} \log_2 \frac{6}{7} \right) + \frac{6}{13} \times 0 = 0.319$$

$$H(D \mid A) = \frac{13}{15} \times (0.996 - 0.319) = 0.587$$

假设此时选择该项进行划分后,计算按照"是否有工作"对没有住房的数据子集进行划分的信息增益。

首先确定权重,是否有住房项 13 条无缺失项有 2 个取值,7 条没住房,6 条有住房,所以将两条缺失数据分给没住房的权重为 7/13,分给有住房的权重为 6/13,接着计算在没有住房的情况下按工作进行划分的信息增益。

划分前,没有住房且工作项无缺失数据占没有住房总数据的比为

$$\rho = \frac{6 + 2 \times \frac{7}{13}}{7 + 2 \times \frac{7}{13}} = \frac{7.077}{8.077} = 0.876$$

可简单理解为:将"是否有自己的住房"的两条缺失记录分配到这里,相当于每条只占 7/13 的可能是没有住房,或者是说每条记录分配了 7/13 的到这部分来了。

$$H(D') = - \left[\frac{1 + 2 \times \frac{7}{13}}{6 + 2 \times \frac{7}{13}} \log_2 \frac{1 + 2 \times \frac{7}{13}}{6 + 2 \times \frac{7}{13}} + \frac{5}{6 + 2 \times \frac{7}{13}} \log_2 \frac{5}{6 + 2 \times \frac{7}{13}} \right] = 0.873$$

$$H(D' \mid A) = \frac{1 + 2 \times \frac{7}{13}}{6 + 2 \times \frac{7}{13}} \times 0 + \frac{5}{6 + 2 \times \frac{7}{13}} \times 0 = 0$$

$$\text{Gain}(D, A) = \rho \times (H(D') - H(D' \mid A)) = 0.765$$

在决策树模型训练好以后,如果用于预测的样本数据有缺失项,又该怎么预测呢? 这时,当分类进行到某个未知的节点时,就假设会出现所有可能的分类结果,这样就会存在多条路径,分类结果可能是类别分布而不是某一类别,选择概率最高的作为预测结果。

CART 算法由 Breiman 于 1984 年提出。从名称也可以看出,它既能用于分类,也可以用于回归。当它作为分类树时,采用基尼指数作为特征划分的依据;当它作为回归树时,采用样本的最小方差作为特征划分的依据。在回归应用中预测结果输出的具体值,一般采用相应节点的中值、平均值等来获得。

CART 算法同 C4.5 算法是非常相似的,但是它不像 ID3 算法和 C4.5 算法那样可以生成多叉树,它生成的是一棵二叉树。如果某个特征有多个取值,那么它就会对多个取值的不同组合方案进行划分,分别计算不同划分方案的子节点的基尼指数或样本的最小方差,从中选择最优的划分方案。比如,年龄段特征有青年、中年、老年三个取值,那么就可以将年龄特征分为[[青年],[中年,老年]]、[[青年,中年],[老年]]、[[中年],[青年,老年]]三种组合去分别计算划分后的基尼指数值,按照值最小的方案进行划分。

3.决策树修剪

决策树生成算法递归地产生决策树,直到不能继续下去为止。这样产生的树往往对训练数据的分类很准确,但对未知测试数据的分类没有那么精确,也就是出现过拟合现象。其

中一种解决方法是考虑决策树的复杂度,对已经生成的树进行简化,也就是剪枝。剪枝是对决策树进行优化,提高其泛化性能很重要的一个环节。

决策树的剪枝可以分为预剪枝和后剪枝两类。预剪枝是指在决策树生成过程中,在对节点进行划分之前,先估算其是否能带来泛化性能的提升,如果不能则停止划分,将其标记为叶子节点;后剪枝则是先训练生成一棵完整的决策树,然后对内部节点进行考察,若将该节点对应的子树替换为叶子节点能带来泛化性能的提升,则进行剪枝,将该节点用叶子节点替换。

那么,如何判断决策树泛化性能是否有所提升呢?一种方法是通过训练数据集上的错误分类数量来估算,还有一种方法是采用测试数据集上的错误分类来估算。

前面介绍的 ID3 算法用到了阈值,能提前停止树的生长,可以看作是预剪枝算法之一,只是阈值的大小难以确定,实用性不强。另外,采用节点划分前和划分后的准确率进行比较来确定是否划分,是基于贪心的策略,会带来欠拟合风险。后剪枝欠拟合的风险很小,泛化性能往往也优于预剪枝,但是训练时间会大很多。C4.5 算法采用的策略就是后剪枝策略,称为悲观错误率剪枝(PEP,pessimistic error pruning)。它采用自上而下的方式评估每一个内部节点,预测剪枝后错误率是否保持或下降,如果是就剪枝。它不需要单独的测试数据集。

还有一种后剪枝算法,称为错误率降低剪枝(REP,reduced error pruning)算法。它采用自底向上的方式遍历所有子树,用叶子节点替换子树,看错误率是否有所降低。它需要一个测试数据集。

CART 算法采用了基于代价复杂度剪枝(CCP,cost complexity pruning)的方法,会迭代生成一系列嵌套的剪枝树,需要使用测试数据集评估所有的树,从而选择最优树。

4.随机森林

随机森林(random forest)是一种叫作 bagging 的集成算法。bagging 算法是将原始数据集随机抽样成 N 个新数据集,然后用同一个机器学习算法进行学习,得到 N 个模型,最后得到一个综合模型。随机森林由多个决策树组成,每一棵决策树都是一棵 CART 分类与回归树,所以随机森林既可以进行分类,也可以进行回归。当随机森林用于分类时,分类的结果由每一个子决策树的分类结果中的多数来决定;当随机森林用于回归时,最终结果取每棵子决策树回归结果的平均值。

4.2.2 k-NN 算法

k 最近邻(k-NN,k nearest neighbor)算法最早由 Cover 和 Hart 于 1968 年提出,是机器学习中较简单也比较成熟的算法之一。它的思路非常直观,如果已知有 n 个被正确分类的样本,那么对于新样本进行预测分类,就看一下和新样本最相似的 k 个样本大多数属于哪一个类别,相应地认为该新样本也属于这个类别。相似程度的判断可以通过比较样本在特征空间中的距离来实现,也就是查找 n 个样本中距离新样本最近的 k 个样本。

简单来说,就是对于一个需要预测的输入矢量 x,在已经有分类标签的训练数据集中寻找 k 个与矢量 x 最近的矢量的集合,然后把 x 的类别预测为这 k 个矢量中数量最多的数据所在那一类别。

比如,在图 4.5 所示的数据中,每个数据有两个特征 x、y,并标上了绿色(方形)和红色(菱形)两类标签,它们属于训练数据集。两个没有颜色的数据(倒三角形)是需要预测的数据。那么,凭直觉可以将左边的倒三角形归入绿色(方形)类,将右边的倒三角形归入红色(菱形)类。这里的直觉其实用到了视觉上的距离,左边数据附近的大多都是绿色(方形),右边数据附近都是红色(菱形)。这就是 k-NN 算法的基本思想。

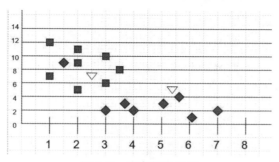

图 4.5　分类数据示例

由此,得到 k-NN 算法的基本过程如下。

(1)将训练的 m 个数据存入列表 train[]。

(2)for i in range(m):

计算待预测数据 p 与训练数据的距离 dist(train[i], p)。

(3)将距离最小的 k 个数据构成 S 集合。

(4)返回 S 中大多数数据所具有的标签。

下面以鸢尾花数据集为例,介绍 k-NN 算法的基本实现和应用方法。

例 4.3　经整理过的鸢尾花数据集存储在本书所附文件/p4_3_kNN/data1.txt 中,第一行为表头标签名,即 SL(sepal length,花萼长度)、SW(sepal width,花萼宽度)、PL(petal length,花瓣长度)、PW(petal width,花瓣宽度)、Class(鸢尾花类别),第 2 到 151 行为测量的 150 条数据尺寸,单位为 cm。部分数据如表 4.3 所示。请用 k-NN 算法判断 SL 为 5.0 cm、SW 为 2.9 cm、PL 为 1.0 cm、PW 为 0.2 cm 的鸢尾花属于什么类型,并评价你有多大把握让人相信你的结论。

表 4.3　鸢尾花数据集部分数据

SL	SW	PL	PW	Class
5.1	3.5	1.4	0.2	Iris-setosa
4.9	3.0	1.4	0.2	Iris-setosa
4.7	3.2	1.3	0.2	Iris-setosa
...	...	...	...	...

解　依照 k-NN 算法的基本流程,实现其主要功能模块,相关代码及说明如下。

k-NN 算法首先需要解决样本间距离的测量问题,如果采用欧氏距离,也就是求各分量差值的平方和再开方,则需要用到包含各种基本数学函数的 math 库,代码如下:

```
def euclideanDistance(x,y):
    # 计算 x,y 矢量中各分量差的平方和
    S=0
```

```
for key in x.keys():
    S+=math.pow(x[key]- y[key],2)
    # 开方
    return math.sqrt(S)
```

接下来,需要计算待预测的数据和数据集中每一个数据的距离,将距离最近的 k 个数据找出来。我们可以建立一个大小为 k 的列表,只往其中加入数据集中距离最小的 k 个元素及其分类。代码如下:

```
def updateNeighbors(neighbors,item,distance,k):
    """
    更新存储 k 个最近邻的列表,表中记录最近邻的距离及类别

    :param neighbors: 需要被更新的列表
    :param item: 可能需要添加进列表的数据集数据
    :param distance: item 和待预测数据的距离
    :param k: k-NN 的 k 值,用来控制 neighbors 列表只装 k 个元素
    :return: 更新后的列表,存储的是距离最近的 k 个元素
    """
    if len(neighbors)<k:
        # 列表还没装满 k 个
        neighbors.append([distance,item['Class']])
        neighbors=sorted(neighbors)  # 由小到大排列
    else:
        # 如果是,判断是否需要将最后一个元素用新元素代替
        if neighbors[-1][0]>distance:  # 如果新元素距离比表中最后一个近,则替换
            neighbors[-1]=[distance,item['Class']]
            neighbors=sorted(neighbors)   # 重新排序,最后一个元素距离最大
    return neighbors
```

一旦获得了 k 个距离最近的数据及其类别列表,就需要编写函数统计其中有哪些类别,以及每个类别中数据的个数,所以考虑使用字典保存,将类别作为键值 key,统计的个数作为其值 value。

```
def calculateNeighborsClass(neighbors):
    """
    统计 neighbors 中 k 个元素里每类元素的个数

    :param neighbors: 需要统计的元素列表
    :return: 类别及其数量的字典
    """
```

```
count={}
k=len(neighbors)
for i in range(k):
    if neighbors[i][1] not in count:
        # 统计 neighbors 中第 i 个数据的类是否在 count 字典中,若不在则初始化为 1。
        count[neighbors[i][1]]=1
    else:
        # 如果在则+1 统计个数
        count[neighbors[i][1]]+=1
return count
```

最后,将最大值作为预测结果输出即可:

```
def findMax(countList):
    """
    找出数量最多的元素所在的类

    :param countList: 存储的是 k 个距离最近样本的分类统计
    :return: countList 中数量最多的分类及其个数
    """
    maximum=-1    # 存储最大值
    classification=''    # 存储分类
    for key in countList.keys():
        if countList[key]> maximum:
            maximum=countList[key]
            classification=key
    return classification,maximum
```

本例预测结果为:Iris-setosa,预测准确率约为 96%。

完整代码参见\p4_3_kNN\kNN_01.py,其中还包括了对模型的评估部分,也就是例 4.3 的第二问。那么,究竟该怎么评估预测结果的好坏呢?参考代码给出的是一种叫作 K 折交叉验证(K-fold cross validation)的方式,基本思路就是取数据集中的一部分数据进行训练,将另一部分数据用于测试,这样就可以根据测试结果的正确率来了解模型的大致性能了。关于机器学习模型验证与评估的一些方法,将在下一小节详细说明。

进一步分析可以发现,k-NN 算法中,k 取得越大,分类的边界会越平滑,但容易出现欠拟合;k 取值太小,容易导致过拟合。同样,训练的样本数越大,分类的准确度也会越高。另外,通常把 k 设置为便于找到多数邻居标签的数量,比如预测属于两类中某一类时,把 k 设置为奇数更方便。k 通常取不大于 20 的整数。

k-NN 算法不但可以应用于分类问题,也可以用于回归问题。在回归问题中,比如有一系列样本坐标(x,y),可以当作训练数据,输入为 x,输出 y 就是标签,当给定一个测试点坐标 x_1 时,预测其坐标 y_1,采用 k-NN 算法就是找到 k 个离 x_1 距离最近的已知样本坐标,对

这 k 个样本的 y 值求平均,并作为 y_1 的值。如图 4.6 所示,已知 10 个点的坐标,预测点 x_new＝7.6 的纵坐标 y_new,用 k-NN 算法进行回归预测,取 $k=3$,在 x 轴上找到距离 x_new 距离最近的 3 个点,如图所示,将这 3 个点的纵坐标进行平均就得到 y_new＝129.3。(代码参见/p4_3_kNN/kNN_02.py。)

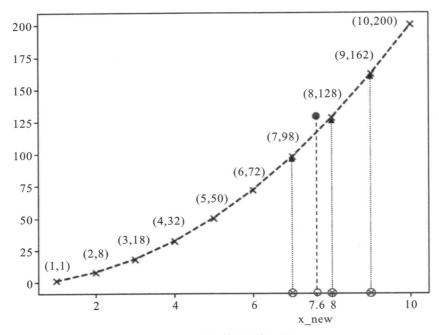

图 4.6 k-NN 算法回归示例

k-NN 算法属于非参数统计方法,也是懒惰学习算法的代表。所谓懒惰学习,是指事先没有分类器,没有训练阶段,收到测试样本后再进行处理。尽管 k-NN 算法比较简单,但是应用领域还是非常广泛的,包括文本分类、语音识别、图像识别等。比如 Indu Saini 等人使用 k-NN 算法进行心电图(ECG)复合波检测,将心电信号的梯度向量作为特征,以 CSE MA1_001 数据库和 MIT-BIH No. 100 数据库作为训练数据,取 $k=3$,采用欧氏距离取得了较好的效果。

k-NN 算法应用中的主要问题就是如何解释模型以及如何理解模型分析的输出。k-NN 算法本身与参数无关,对于数据模型,究竟该选哪些参数,哪些参数更能影响输出的结果,这些内容的确定是很重要的。另外,相似性度量本身也有着许多的方法,选用不同的方法会对输出结果有不同的影响。比如在鸢尾花数据集的例子中,4 个特征数据范围差别不太大,而且性质相似,具有相同的单位,所以未做任何数据预处理直接采用欧氏距离就能有较好的效果,但是在其他应用场景中,如何去计算距离也是必须考虑的问题。

另外,当数据规模很大时,k-NN 算法需要在大量的数据中查找离输入样本最近的 k 个近邻,这时查找的效率会变得比较重要。那么,如何提高查找效率呢? 和数据库一样,建立数据索引。一种索引方法是建立树结构的索引,称为索引树,其基本思想是对搜索空间进行层次划分,根据划分的空间是否有交叠可以分为 clipping 和 overlapping 两种。前者划分的空间没有重叠,其代表就是 KD 树(K-dimension tree);后者划分的空间相互有交叠,其代表为 R 树(R-tree)。

4.2.3　机器学习模型的验证与评估方法

机器学习的算法有很多,各种算法又有许多的参数需要设置和确定,不同的算法、不同的参数就会产生不同的机器学习模型,那么该选用哪个算法,使用什么样的参数配置呢? 这时就必须对机器学习模型的性能进行评价,不但希望它对训练数据表现很好,还希望它对新的数据有很好的表现,也就是希望它有较好的泛化性能。

1. 机器学习模型的验证

模型训练好以后,当然可以找一批新的数据来测试,但是在机器学习里,通常的做法是不将全部数据都用于模型的训练,而是拿出一部分数据用于测试,从而来评估模型的效果。为了解决验证的问题,常用以下方法。

(1)留出法。

留出(hold out)法直接将数据集分成两个部分,一部分作为训练数据集,另一部分作为测试数据集。比如,假设数据集包含 1000 个数据,用 0.7 来划分,也就是以 700 个作为训练数据,将其余 300 个用于测试,如果测试过程中,出现了 30 个分类错误,则说明正确率为 $270/300=90\%$。

需要注意的是,在划分数据集时,要尽可能保持数据分布的一致性,尽可能和实际会遇到的数据保持相同的分布。比如在例 4.3 中,因为数据的类别是排列好了的,所以在划分训练数据和测试数据时,需要先用 shuffle()函数来打乱次序,再来划分。

留出法存在的问题有两个:一个是划分数据的方法有可能会影响到验证的结果;另一个是只用了部分数据进行训练,尤其是当训练的数据不够多时,获得的模型效果会受到影响。基于这些原因,有人提出了交叉验证法。

(2)交叉验证法。

交叉验证(cross validation)法,从名字上就可以知道,数据会被交换着作为测试数据或者训练数据。这种方法会重复进行训练和验证,在不同批次中,数据可能作为训练数据使用,也可能作为测试数据使用。

比如留一交叉验证(LOOCV,leave one out cross validation)法:将数据集分为训练数据集和测试数据集时,只留 1 个数据用于测试,将其余的数据都用于训练。完成训练和测试以后,下一次再留另一个数据用于测试集,其余的用于训练,如此重复。如果数据集总共有 N 个数据,则将重复 N 次。最终,模型的性能就取这 N 次测试结果的平均。

这种方法的问题也很明显,就是计算量太大,它比留出法耗时多了 $N-1$ 倍,尤其是当数据量较大时,计算开销可能令人难以忍受。

交叉验证法中有一种方法更常用,称为 K 折交叉验证法,它和留一交叉验证法的不同之处在于每次选取的测试数据集将不再只包含 1 个数据,而是将数据集分成 K 份,然后不重复地每次取其中一份作为测试数据集,将其余 $K-1$ 份作为训练数据集。最后,模型的性能就取这 K 次的平均值。如果数据有 N 个,当取 $K=N$ 时,就变成了留一交叉验证法。常见的是 $K=5$ 或 10,称为 5 折交叉验证或 10 折交叉验证。图 4.7 所示即为 5 折交叉验证说明。

(3)自助法。

自助(bootstrapping)法也称为有放回采样法,主要用于数据不太多的场合。它从给定

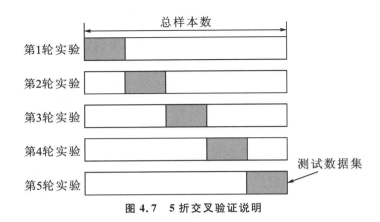

图 4.7　5 折交叉验证说明

的训练数据集 D 中以均匀抽样的方式挑选样本,抽取样本后,样本依然放回原数据集 D,所以下次再采样时,该样本有概率会被再次采到。假设数据集的样本数为 n,进行 n 次自助采样后,就能得到大小和 D 一样也为 n 的数据集 D' 用于训练。虽然 D' 中可能会有被重复采到的样本,但是如果需要评估模型在训练数据集大小为 n 时的性能就有必要了。

理论上,采用这种采样方式时某个样本不被采到的概率为

$$\left(1-\frac{1}{n}\right)^{n} \tag{4.10}$$

取极限,有

$$\lim_{n \to \infty}\left(1-\frac{1}{n}\right)^{n}=\frac{1}{e} \approx 0.368 \tag{4.11}$$

这说明采用这种采样方式时该样本有 36.8% 的概率不被采到。这样,每轮采样了 n 次用作训练数据之后,没被采样到的数据就作为测试数据,如图 4.8 所示,最后模型的性能取 K 轮实验的平均值。

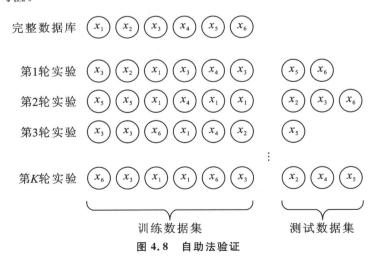

图 4.8　自助法验证

2.机器学习模型的评估

确定了验证方法之后,接下来就是如何对性能进行评估了。针对机器学习中的两种基本任务——回归与分类,评估方法是不一样的。

在回归任务中,最常用的性能度量方法为计算均方误差(MSE,mean squared error),即直接统计所有测试数据集数据的预测值和标签值(可以看作是真实值)的均方误差即可。假设测试数据集有 n 个数据,对 x_i 预测的结果是 $p(x_i)$,其标签值为 y_i,那么均方误差的公式为

$$\text{MSE} = \frac{1}{n} \sum_{i=1}^{n} (p(x_i) - y_i)^2 \tag{4.12}$$

对于分类任务,首先我们会关注分类正确与否,只需要统计 n 个测试数据中,错误分类的数据是占比为多少即可。错误分类的数据占比称为错误率(error rate),计算公式为:

$$\text{errorrate} = \frac{n_{\text{error}}}{n_{\text{total}}} \tag{4.13}$$

对应地,正确分类的数据的占比称为正确率(accuracy),计算公式为:

$$\text{accuracy} = \frac{n_{\text{accuracy}}}{n_{\text{total}}} = 1 - \text{errorrate} \tag{4.14}$$

这两个指标其实可以看作是同一种,虽然很直观,但是如果仅用它们来衡量模型的好坏有时是不够的,尤其是在数据分布不平衡的场合。比如预测图片中是猫还是狗,如果测试数据中有 95 张狗的图片、5 张猫的图片,那么就算模型根本没有识别出猫和狗的特征,直接将所有图片都识别为是狗的图片,正确率也不会太低。

对于分类问题,更多的是根据真实类别以及模型识别出的类别进行组合,形成混淆矩阵(confusion matrix)进行分析,如表 4.4 所示。以二分为例,假设样本有正(P)、负(N)两种类型,预测结果有对(T)、错(F)两种,那么就会出现以下四种组合:

(1)样本为正,预测结果也为正,用 TP(true positive)表示,也称为真阳性;

(2)样本为正,预测结果为负,预测错了,用 FP(false positive)表示,也称假阳性,属于误报;

(3)样本为负,预测结果为负,用 TN(true negative)表示,也称真阴性;

(4)样本为负,预测结果为正,也属于预测错误,用 FN(false negative)表示,也称假阴性,属于漏报。

表 4.4　分类结果混淆矩阵

真实类别	预测结果	
	正例	负例
正	TP	FN
负	FP	TN

根据混淆矩阵,有以下一些定义:

如果关注检测出来的阳性是不是真的都是阳性,有多少是真的阳性,也就是检测得是否精准的问题,定义为精准率或查准率,用预测正确的阳性比上所有检测出的阳性:

$$\text{precision} = \frac{\text{TP}}{\text{TP} + \text{FP}} \tag{4.15}$$

如果关注真正的阳性是否都被检测出来了,有多少漏掉了,定义为真阳性率(true positive rate),用预测正确的阳性比上所有的真实的阳性,也称为查全率、召回率(recall)或

灵敏度(sensitivity),它反映了模型对正例的识别能力:

$$recall = TPR = \frac{TP}{TP+FN} \tag{4.16}$$

如果关注负样本,也就是阴性情况,衡量模型对于负样本的识别能力,用特异度(specificity)表示,用预测错误的负例,也就是假阳性,比上所有的负例,也称为假阳性率:

$$FPR = \frac{FP}{FP+TN} \tag{4.17}$$

预测的正确率也可以表示成:

$$accuracy = \frac{TP+TN}{TP+FN+FP+TN} \tag{4.18}$$

例 4.4 假设有一组猫和狗的 50 张图片,用来测试某机器学习模型,识别结果用混淆矩阵表示,如表 4.5 所示,请计算该模型识别的正确率以及识别狗图片的查准率、查全率。

表 4.5 猫和狗图片识别结果

真实类别	预测结果	
	猫	狗
猫	15	10
狗	5	20

解 该模型的识别正确率为:

$$accuracy = \frac{15+20}{50} = 70\%$$

识别狗的查准率,将狗作为正样本 P,则有

$$precision = \frac{TP}{TP+FP} = \frac{20}{20+10} = 66.7\%$$

识别狗的查全率为:

$$recall = \frac{20}{20+5} = 80\%$$

该模型用来识别猫和狗图片的正确率为 70%,在识别出是狗的 30 张图片中,只有 66.7% 识别正确,数据集中有 25 只狗,它能将其中的 80% 都识别出来。

通常,查准率(用 P 表示)和查全率(用 R 表示)是一对矛盾的量,比如,希望查出来的阳性一定是阳性,也就是希望查准率高,可以提高判断标准,对把握大的才判断为阳性。这样精确度就提高了,而全面性降低了。反过来,我们希望所有阳性都被检测到,那么就要宁可查错也不放过,精确度就会下降。所以,在很多情况下,需要综合考虑,这时,常用的方法为绘制 P-R 曲线,即以查准率 P 作为纵轴,以查全率 R 作为横轴,绘制模型在两者之间的权衡曲线。这对确定模型的参数也是很有用的。比如,在识别猫和狗的模型中确定判断门限时,可以先提高判断门限,比如 99% 可能是狗时才识别为狗,计算此时的 P 值和 R 值;然后将判断门限降低,如 98% 可能是狗就识别为狗,再计算 P 值和 R 值;继续降低门限,依此类推,就可以得到如图 4.9 所示 P-R 曲线,比如曲线 A。

从曲线 A 就能直观地看到这个机器模型的表现情况了。如果希望查准率和查全率都尽可能大,可以选择 P=R 的点,即图 4.9 中与虚线的交点。这些交点称为平衡点(BEP,break

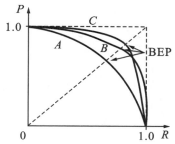

图 4.9　$P\text{-}R$ 曲线与平衡点示意图

event point)。而如果某一个猫狗识别的模型 $P\text{-}R$ 曲线为 B,它完全包住了曲线 A,就可以说明这个模型的性能要比曲线为 A 的模型的性能好,因为在相同的情况下,B 的查准率和查全率都比 A 大。而对于曲线 C 和 B 来说,就不好判断谁更优秀了,因为在不同的应用中可能会有不同的要求,有的系统可能希望查准率高,比如指纹识别系统;而有的系统则可能希望查全率高,比如入侵检测系统。如果 P、R 都重要的话,一般就选曲线下面积大的。

类似 BEP,为了能综合评价查准率 P 和查全率 R 的影响,引入了 F_1 分数(F_1-score),它又称为 F_1 综合评价指标(F_1-measure),是 P 和 R 的调和平均(harmonic mean),比单独采用正确率描述模型更合格:

$$F_1 = \frac{2 \times P \times R}{P + R} = \frac{2 \times \text{TP}}{\text{总样本数} + \text{TP} - \text{TN}} \tag{4.19}$$

可以看到,只有当 P 和 R 都为 1 时,F_1 才为 1。对于例 4.4,可以算出 $F_1 = 0.72$。

F_1 衡量的是当 P 和 R 同等重要时模型的分数,但有时候,有些应用会更关注查准率,有些应用又会更关注查全率,这时,使用 F_1 的一般形式,即加权的调和平均 F_β,也即式(4.20),通过设置不同的 β 值来设置对 P 和 R 的偏好。

$$\frac{\beta^2 + 1}{F_\beta} = \frac{1}{P} + \frac{\beta^2}{R} \Rightarrow F_\beta = \frac{(1 + \beta^2) \times P \times R}{(\beta^2 \times P) + R} \tag{4.20}$$

当 $\beta^2 = 1$ 时,即为 F_1;当 $\beta^2 < 1$ 时,P 权重大,表示查准率更重要;当 $\beta^2 > 1$ 时,R 权重大,表示查全率更重要。

如果关注机器学习模型的泛化性能,关注机器学习模型对正、负例的识别能力,选用另外两个指标——真阳性率 TPR 和假阳性率 FPR。以真阳性率 TPR 作为纵轴,以假阳性率 FPR 作为横轴,类似绘制 $P\text{-}R$ 曲线,选择不同的门限值,会得到不同的 TPR、FPR 值,于是就得到了另外一条曲线——ROC(receiver operating characteristic curve)曲线,如图 4.10 所示。显然,TPR 越大,FPR 越小,模型的性能就越好。

ROC 曲线越靠近左上角,真阳性率越大,假阳性率越小,最靠近左上角的点就对应着当前模型最好的分类门限值,此时假阳性和假阴性的总数量最少。图 4.10 中,曲线 C 被曲线 A 和 B 包住了,说明曲线 C 对应的机器学习模型的性能比曲线 A 和 B 对应的机器学习模型的性能要差,而对于曲线 A 和 B 对应的机器学习模型的性能,因为有交叉,可以参考 ROC 曲线下的面积 AUC(area under ROC curve)来判断。一般认为面积越大的机器学习模型性能越好。

4.2.4　机器学习中常用的距离度量

人工智能的算法中经常需要比较样本空间内两个样本数据的相似程度,比如前面小节

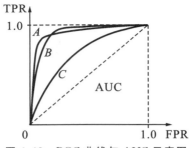

图 4.10 ROC 曲线与 AUC 示意图

介绍的 k-NN 算法中,使用到了欧氏距离,它属于闵可夫斯基距离(Minkowski distance,由 H. Minkowski 提出)的一种。闵可夫斯基距离是一组距离的定义,它对应着 p 范数(p norm)。

1.闵可夫斯基距离

设有两个样本数据 x,y,每个样本有 n 个参数(相当于 n 维空间),则它们的闵可夫斯基距离的定义为

$$\text{dist}_{\text{mk}}(x,y)=\left(\sum_{i=1}^{n}|x_i-y_i|^p\right)^{\frac{1}{p}} \tag{4.21}$$

当 $p=1$ 时,就是绝对值距离,也称为曼哈顿距离(manhattan distance)或街区距离(city block distance),对应着 L_1-范数,如图 4.11(a)所示,从 S 点到 G 点的曼哈顿距离为 8。街区距离这个名字很形象,假设虚线是街道,那么从 S 点到 G 点,无论怎么走,距离都是 8,比如折线 a 和 b,长度都是 8,所以它也称为出租车距离(taxicab distance)。

当 $p=2$ 时,就是欧几里得距离(Euclidean distance),简称欧氏距离,对应着 L_2-范数。在图 4.11(a)中,从 S 点到 G 点的欧氏距离为 $4\sqrt{2}$,反映的是两点之间的连线长度,如线段 c 所示。

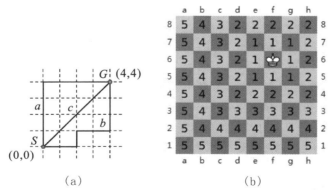

(a)　　　　　　　　　　　　　　(b)

图 4.11 常用的距离示意

当 p 取为 ∞ 时,称为切比雪夫距离(Chebyshev distance),也称为棋盘距离(chessboard distance),对应着 L_∞ 范数或一致范数,计算公式为:

$$\text{dist}_{\text{Che}}(x,y)=\lim_{p\to\infty}\left(\sum_{i=1}^{n}|x_i-y_i|^p\right)^{\frac{1}{p}}=\max_{i=1:n}(|x_i-y_i|) \tag{4.22}$$

在图 4.11(a)中,从 S 点到 G 点的切比雪夫距离为 4。在图 4.11(b)中,棋盘上的数字

就是该点距离王的距离,无论朝哪个方向,相邻的距离都是一样的。

图 4.12 中进一步演示了当 p 取不同值时,距离中心点距离相等的点的轨迹。

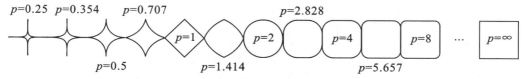

图 4.12　距离原点相同距离的不同阶的闵可夫斯基距离示意

使用闵可夫斯基距离时需要注意到:样本的不同特征(或称不同维度)具有不同量纲时,直接计算得到的闵可夫斯基距离常常并没有什么实际意义。另外,如果数据有两个维度 x 和 y,且 x 方向的值远大于 y 方向的值,那么这个距离公式就会过度放大 x 维度的作用。为了消除不同维度数据相差太大或具有不同量纲的影响,在计算距离之前,可能还需要对数据进行归一化(normalization)或者标准化(standardization)(也称 z-score)处理。本质上,两者都是一种线性变换,对样本数据先压缩再平移。

归一化的目的是使预处理的数据被压缩在一定的范围之内,比如类似概率分布的 $[0,1]$,或类似坐标分布的 $[-1,1]$。所以,对输出结果范围有要求时,一般进行归一化处理。

$$x_{\text{new}} = \frac{x - x_{\min}}{x_{\max} - x_{\min}} \tag{4.23}$$

需要注意的是,归一化不能处理异常值,比如 x 取值为 $2.0,1.0,1.5,1.8,2.7,81.0$,其中 81.0 相对其他值而言差别太大,可能是异常值。另外,如果 $x_{\max}$ 和 $x_{\min}$ 不稳定,也会使后继使用效果不稳定。在这种情况下,就更适合进行标准化处理,即减去均值,然后除以标准差。

$$(x_1, y_1) \rightarrow \left(\frac{x_1 - \mu_x}{\sigma_x}, \frac{y_1 - \mu_y}{\sigma_y} \right), \quad \mu \text{ 为均值}, \quad \sigma \text{ 为标准差} \tag{4.24}$$

可以看到,经过上述处理后,开始体现数据的统计特性了,数据将变成均值为 0,标准差为 1 的分布,标准化并没有限制值的范围,异常值的影响相对较小。这种方法在假设数据各个维度不相关的情况下利用数据分布的特性计算出不同的距离,所以通常对呈高斯分布的原始数据处理效果较好。当并不知道数据的分布时,使用归一化方法会更合适。比如,如果需要对年龄和收入这两个特征进行预处理,那么年龄比较适合用归一化进行预处理,而收入更适合用标准化进行预处理。

例 4.5　设 $x = [2.0, 1.0, 1.5, 1.8, 2.7, 81.0]$,请写出对它进行归一化和标准化处理的结果。

解　归一化:$x_{\max} = 81.0$,$x_{\min} = 1.0$,由式(4.23)不难算出归一化后的结果为
$$x_{\text{new}} = [0.0125, 0, 0.006\,25, 0.01, 0.021\,25, 1.0]。$$

标准化:均值为 $\mu_x = 15$,标准差为

$$\sigma_x = \sqrt{\frac{\sum (x - \mu_x)^2}{n}} = \sqrt{871.4633} = 29.52$$

由式(4.24)得到标准化的结果为
$$x_{\text{new}} = [-0.440, -0.474, -0.457, -0.447, -0.417, 2.236]$$

在 scikit - learn 中,归一化使用的函数是 MinMaxScaler,标准化使用的函数是 StandardScaler,例 4.5 可以用以下代码实现求解:

```
from sklearn import preprocessing

x=[[2.0],[1.0],[1.5],[1.8],[2.7],[81.0]]
std_x=preprocessing.StandardScaler().fit_transform(x)
norm_x=preprocessing.MinMaxScaler().fit_transform(x)
print('标准化:',std_x)
print('归一化:',norm_x)
```

闵可夫斯基距离虽然比较直观,但是与数据的分布无关,具有一定的局限性。虽然使用归一化或者标准化可以消除不同维度之间尺度和量纲不同的问题,但是样本不同维度的分布不同也会影响分类,而且如果不同维度之间数据具有相关性,不是独立同分布的,比如身高较高的信息很有可能会带来体重较重的信息,因为两者是有关联的,并且尺度是无关的,就要用到马哈拉诺比斯距离(Mahalanobis distance,由 P. C. Mahalanobis 提出)了。它可以排除变量之间相关性的干扰。

2.马哈拉诺比斯距离

马哈拉诺比斯距离,简称马氏距离,表示了两个服从同一分布并且协方差矩阵为 $\boldsymbol{\Sigma}$ 的随机变量之间的差异程度,反映的是一个点和一个分布之间的距离。它可以看作是对欧氏距离的一种修正,是旋转变换缩放之后的欧式距离。它修正了欧氏距离中各个维度尺度不一致并且相关的问题。

马氏距离可以利用 Cholesky 矩阵实现由线性相关变量到不相关变量的转换,以此来消除不同维度之间的线性相关性和尺度不同。如果样本点特征矢量(列矢量)之间的协方差矩阵是 $\boldsymbol{\Sigma}$,且是对称正定的,就满足 Cholesky 分解的条件,可以通过 Cholesky 分解为下三角矩阵和上三角矩阵的乘积,即下三角矩阵 $\boldsymbol{L}$ 和其共轭转置矩阵的乘积

$$\boldsymbol{\Sigma} = \boldsymbol{L}\boldsymbol{L}^{\mathrm{T}} \tag{4.25}$$

如果两个样本数据 $\boldsymbol{D}_1$、$\boldsymbol{D}_2$ 服从同一分布且各维度之间协方差矩阵为 $\boldsymbol{\Sigma}$,则马氏距离定义为

$$\mathrm{dist}_{\mathrm{Mah}} = \sqrt{(\boldsymbol{D}_1 - \boldsymbol{D}_2)^{\mathrm{T}} \boldsymbol{\Sigma}^{-1} (\boldsymbol{D}_1 - \boldsymbol{D}_2)} \tag{4.26}$$

由式(4.25)可以得到

$$\begin{aligned}
\mathrm{dist}_{\mathrm{Mah}} &= \sqrt{(\boldsymbol{D}_1 - \boldsymbol{D}_2)^{\mathrm{T}} (\boldsymbol{L}\boldsymbol{L}^{\mathrm{T}})^{-1} (\boldsymbol{D}_1 - \boldsymbol{D}_2)} \\
&= \sqrt{(\boldsymbol{L}^{-1}(\boldsymbol{D}_1 - \boldsymbol{D}_2))^{\mathrm{T}} (\boldsymbol{L}^{-1}(\boldsymbol{D}_1 - \boldsymbol{D}_2))} \\
&= \sqrt{\boldsymbol{z}^{\mathrm{T}} \boldsymbol{z}}
\end{aligned} \tag{4.27}$$

如果要将每个样本数据转换到马氏距离,则只需要计算其和样本空间的均值的马氏距离即可,这样就消除了不同维度之间的相关性和尺度不同。由式(4.27)可知,只需要对样本数据各个维度的协方差矩阵进行 Cholesky 分解,求其下三角矩阵的逆再乘以样本数据减去均值的差

$$\boldsymbol{z} = \boldsymbol{L}^{-1}(\boldsymbol{X} - \boldsymbol{\mu}), \quad \mu \text{ 为均值} \tag{4.28}$$

对处理之后的数据求欧氏距离,也就得到了样本数据到 μ 的马氏距离。

图 4.13 所示为在 x,y 轴上呈线性分布的某一样本空间的数据,可以看到数据随着 x 增加,y 也有增加的趋势,两者之间是有一定的相关性的,且分布的中心为原点。从图中看,A 点相对于 B 点来说距离原点更近,但直观上感觉 B 点似乎更属于这个分布中的一点。

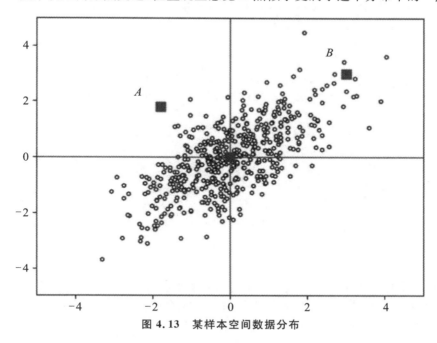

图 4.13　某样本空间数据分布

如果对数据用式(4.28)进行处理后,用马氏距离来度量,则分布变为了图 4.14,此时 B 点明显距离中心点更近。

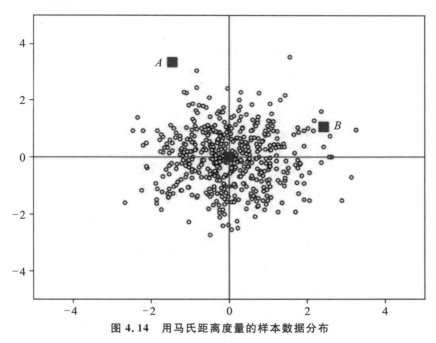

图 4.14　用马氏距离度量的样本数据分布

在 Python 中,使用 NumPy 包实现这个过程比较容易,完整代码请参考\s4_2_4\

MahDist. py, 主要代码如下, 设 x 和 y 矩阵是样本两个维度的数据:

```
covMat=np.array(np.cov(x,y))# 求 x 与 y 的协方差矩阵
Z=np.linalg.cholesky(covMat)   # 求下三角矩阵 L
Z=np.linalg.inv(Z)  # 求逆矩阵 L^-1
x,y=np.matmul(z,np.array([x,y]))# 求 L^-1(x-μ)
```

通过以上代码就可以将 x,y 转换为马氏空间的值, 再用欧氏距离公式计算, 得到的就是马氏距离。如果使用 Scipy 包, 可以直接使用距离类计算闵可夫斯基距离、马氏距离:

```
import scipy.spatial.distance as dist
dist_mahal=dist.mahalanobis([0,0],[3,3],np.linalg.inv(covMat))# 计算两点的马氏
距离
dist_mk=dist.minkowski([0,0],[3,3],2)# 计算欧氏距离
```

另外, 需要注意的是, 马氏距离要求样本数要大于维度, 否则无法求协方差矩阵。另外, 马氏距离只对线性空间有效。

3. 余弦相似性(cosine similarity)

余弦相似性通过测量两个矢量的夹角的余弦值来度量它们之间的形似性。它关注的是两者之间的角度关系, 用来判断它们是否指向相同的方向, 而不关心幅度的大小。针对多维空间的两个矢量 x 和 y, 它们之间的余弦相似性定义为

$$\cos(\theta) = \frac{\sum_{k=1}^{n} x_k y_k}{\sqrt{\sum_{k=1}^{n} x_k^2} \sqrt{\sum_{k=1}^{n} y_k^2}} \tag{4.29}$$

取值范围为 $[-1, +1]$, 两个矢量之间的夹角越小, 表示它们越相似。当两个矢量指向相同方向时, 余弦相似性为 1; 当两个矢量正交时, 余弦相似性为 0; 当两个矢量方向完全相反时, 余弦相似性为 -1。

相较于用欧氏距离来判断相似性, 当研究对象的维度很高时, 余弦相似性由于不考虑数值的绝对大小, 有时会表现得更稳定。比如某影评网站对 3 部电影的打分情况, A 用户给出的分值为 $(10,8,9)$, B 用户给出的分值为 $(4,2,3)$, C 用户给出的分值为 $(8,10,9)$, 如果根据用户行为对用户进行分类来进一步用于电影推荐, 那么用余弦相似性判断, A 和 B 会归为一类人, 虽然评分不同, 但是他们应该有相似的喜好。如果用欧氏距离来判断, 就会将 A 和 C 归为具有类似喜好的一类人, 这就有点不太合理了。A 和 C 可能在评分尺度上相似, 或者说 A 和 C 对 3 部电影都喜欢, 而 B 对这三部都不喜欢, 这个时候需要关注数值差异, 欧氏距离可能就更合适了。不过为了避免余弦相似性因为对数值的不敏感而带来上述影响, 引入了修正的余弦相似性——分别减去该用户的所有评分的均值。

$$\cos(\theta) = \frac{\sum_{k=1}^{n} (x_k - \bar{x})(y_k - \bar{y})}{\sqrt{\sum_{k=1}^{n} (x_k - \bar{x})^2} \sqrt{\sum_{k=1}^{n} (y_k - \bar{y})^2}} \tag{4.30}$$

在商品推荐之类的协同过滤算法中,会经常采用这种方法。

4.2.5　支持向量机

支持向量机在本质上是用于对象分类的一种手段。它由模式识别中广义肖像算法(generalized portrait algorithm)发展而来,并成了统计学习理论的一部分。1995 年 Cortes 和 Vapnik 首次提出了软边距的非线性支持向量机并用于手写字符识别。它在手写字符识别方面表现出了较好的性能,一度成为机器学习的主流技术,直到现在被深度学习取代。

虽然,现在深度学习技术在人工智能领域一枝独秀,但是,在样本数量少、数据特征维度较高的场景下,支持向量机依然有着不可替代的优势。

支持向量机是一种监督学习方法,首先需要用一组标记好了的训练数据进行训练,支持向量机训练算法通过寻求结构风险最小(structural risk minimization)来提高学习机泛化能力,实现经验风险(empirical risk)和置信风险(VC 置信范围)同时最小化。

经验风险是指训练好的分类器对训练数据分类得到的误差,用 $R_{emp}(\alpha)$ 表示。置信风险是指分类器对未知样本进行分类得到的误差,用 $\Phi(h/l)$ 表示,其中 h 是 VC 维度(vapnik chervonenkis dimension),l 是样本数。在一般情况下,VC 维度越高,机器学习的置信风险也就越高,泛化能力就会越差。当然,也存在相反情况,比如 k-NN 算法在 $k=1$ 只有一个类时,VC 维度无限,经验风险为零,泛化能力也无限。所以,通常置信风险越小意味着模型的泛化能力越强。结构风险最小化就是追求 $R_{emp}(\alpha)+\Phi(h/l)$ 最小化。

VC 维度可以理解为某假设空间能打散(shatter)的最大数据集的大小。如果将 N 个样本点分为 2 类,则每个点可以有 2 种分法,总共就有 2^N 种分法,也可以理解为有 2^N 个学习问题。如果存在一个假设空间 H,该空间能准确无误地将最多 N 个样本点的 2^N 种不同分类方法都划分出来,那么就称空间 H 的 VC 维度为 N。

比如由直线构成的线性空间或称二维空间的超平面(hyperplane),或二维平面的线性分类器,可以将二维平面中的 3 个点的 8 种组合都划分出来,如图 4.15 所示。但如果是 4 个点,其 16 种组合中就存在无法划分的情况,如图 4.16 所示。所谓超平面,可以理解为 n 维线性空间中维度为 $n-1$ 的子空间,比如二维平面中的直线。

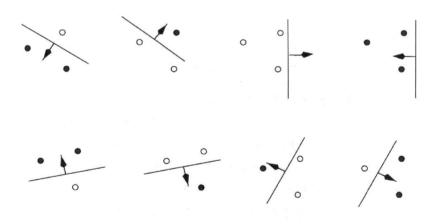

图 4.15　直线可以将平面中 3 个点的各种组合都分散出来

通常来讲,k 维空间的超平面 H 的 VC 维度 $VC(H)=k+1$,比如三维空间里的平面的 VC 维度就是 4。

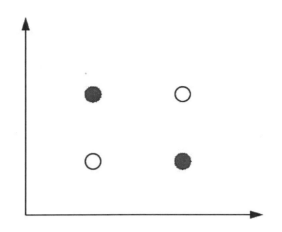

图 4.16　直线无法分散平面中 4 个点中的一种组合

　　图 4.17 用了更直观的方式演示什么是更好的分类器。图中训练样本被分成了标记为＋、－的两个类，左图中的 h_1、h_2 是两个超平面，也就是两个分类器，用于将样本区分开来。超平面可以用分类函数 $f(x)=w^{\mathrm{T}}x+b$ 表示，h_1 和 h_2 就对应着不同的 w^{T} 和 x 参数。显然，h_1 的性能看着比 h_2 的性能好。对于图中的未知数据 x 点，h_1 将其归入＋类，而 h_2 则会将其归入－类。支持向量机的目的就是找到这个最适合把两类数据分开的超平面，也就是图中的 h_1。怎么找呢？就是找两边的数据离这个超平面间隔最大的那个超平面。一个点离这个超平面距离（间隔）越大，分类的置信度（confidence）就越大。

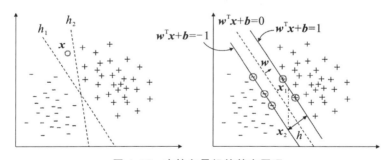

图 4.17　支持向量机的基本原理

　　包含 N 个样本点的数据集到超平面的间隔可以定义为所有样本点中到这个超平面间隔最小的那个值，而支持向量机就是要使这个间隔值达到最大，这就是支持向量机算法的基础，即最大间隔（max-margin）准则。对于图 4.17 中的右图，假设使这个间隔最大的超平面 $w^{\mathrm{T}}x+b=0$ 已经找到，$f(x)=w^{\mathrm{T}}x+b$ 就可以看作是 x 到超平面的距离。显然，＋类和－类到超平面的距离相等，为了便于计算，令它们的距离分别为＋1 和－1，也就是样本集中到超平面的最小距离，即图中的两条实线所示，也是分类器的间隔边界，此时 h 的值就等于 2。位于间隔边界上的点就称为支持向量（support vector）（图中用圆标记出来的点）。由于等比例缩放 x 的长度和 b 的值时，超平面不会变化，但是 $f(x)$ 值会变化，因此用几何间隔 $|f(x)|/||w||$ 代替函数间隔 $|f(x)|$，其中 $||w||$ 为垂直于超平面向量 w 的 L_2-范数。因此，支持向量机的优化

目标就变成了最大化 $1/\parallel w \parallel$。

由于求 $1/\parallel w \parallel$ 的最大值相当于求 $\parallel w \parallel^2/2$ 的最小值,因此支持向量机的目标函数等价于

$$\min\left(\frac{1}{2}\parallel w \parallel^2\right) \tag{4.31}$$
$$\text{s. t.}\quad y_i(w^{\mathrm{T}}x_i+b)\geqslant 1,\quad i=1,\cdots,n$$

其中,s. t.(subject to)表示约束条件,y_i 表示分类值,为 ± 1,和它相乘后 $w^{\mathrm{T}}x+b$ 就都是大于或等于 1 的正值了。

以上所介绍的是支持向量机的基本原理,并假设训练样本数据是线性可分的。在实际分类任务中,很多数据本身在原始的样本空间中是线性不可分的,比如图 4.16 中的两类数据。解决这个问题的一种重要的方法叫作核函数法。支持向量机通过选择一个核函数 $K()$,将数据映射到高维空间,使其在高维空间变得线性可分,如图 4.18 所示。核函数能事先在低维上进行计算,并将实质上的分类效果表现在高维上,避免了直接在高维空间的复杂计算,比如径向基核函数(RBF,radial basis function)

$$K(x,y)=\mathrm{e}^{-\gamma\parallel x-y\parallel^2} \tag{4.32}$$

可以把原始特征映射到无穷维空间。

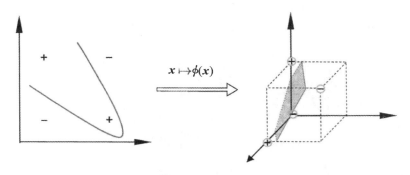

图 4.18　通过核函数将线性不可分映射到高维空间

假设低维向量 $<w,x>$ 映射到高维空间变成 $<w',x'>$ 后,能用线性函数 $f(x')=w^{\mathrm{T}}x'+b$ 分类,那么通过核函数 $g(x)=K(w,x)+b$,直接输入低维向量 $<w,x>$,就能得到和 $f(x')$ 相同的结果,而不用去关心具体的映射过程。

常见的核函数有线性核函数、多项式核函数、高斯径向基函数等,不同的支持向量机算法使用不同的核函数。对于核函数的选择,目前还缺少具体的方法,通常只能通过实验观察结果,某些问题可能用某些核函数效果会很好,而用另一些效果就很差,不过,一般用径向基核函数相对来说结果不会出太大的偏差。在 4.5 节中将介绍在 Python 中应用支持向量机的方法,而关于支持向量机底层代码的实现算法,最著名的是由 John C. Platt 于 1998 年提出的 SMO 算法。

支持向量机的不足之处主要是当数据的维度比数据样本数大许多时,核函数和正则化项的选择对于避免过拟合非常重要。另外,支持向量机没有直接提供概率估计值,而是通过 5 折交叉验证来计算。

◀ 4.3 人工神经网络 ▶

人工神经网络是指由大量人工神经元经广泛互连而组成的用来模拟脑神经系统的网络。它属于人工智能中的连接主义或仿生学派。

4.3.1 生物神经元

典型的生物神经元(neuron)如图 4.19(a)所示。它具有一个较大的细胞体(cell body)，内有细胞核(nucleus)，主要特征是拥有纤维状的突起，可以延长它传导信息的距离。突起有两种：一种称为树突(dendrite)，可以接收信息并将信息传入细胞体；另一种称为轴突(axon)，可以将信息传出。神经元之间通过轴突末端(axon terminal)的突触和另一个神经元的树突的突触相互作用，形成连接网络。

神经元能够传递信号是因为它们能够产生一种动作电位(action potential)，动作电位的振幅可以沿着轴突向下移动而不衰减。动作电位是由离子通过电压门控通道的流动而产生。如图 4.19(b)所示，动作电位在静态时在 -70 mV 左右，当接收到刺激信号时，就能发生去极化过程；如果刺激信号超过阈值(threshold)，比如图中的 -55 mV，产生动作电位，传到轴突末端。轴突末端通过突触(synapse)将刺激传给下一个神经元的树突。随后细胞内离子流到细胞膜外，细胞膜电位下降，形成再次极化，经过一个恢复期后，通道关闭，回复到静态电位，没有输出。

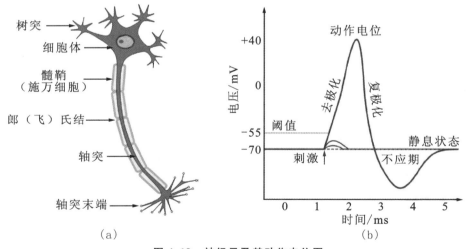

（a） （b）

图 4.19 神经元及其动作电位图

4.3.2 人工神经元

人工神经元的结构模仿了生物神经元，最早的结构称为感知机，它可以看作是神经网络的基础。图 4.20 示意了一个简单的人工神经元的基本结构。它能接收多个输入信号，每个输入信号乘以固定的权重(weight)，再加上一个偏置(bias)进行求和，只有当这个总和超过某个界限时，神经元才被激活，并输出一个信号。它的数学模型可表示为：

$$v_1 = \varphi(w_1 x_1 + w_2 x_2 + b_1) \tag{4.33}$$

权重用来控制输入信号的重要程度；偏置用来调节神经元整体信号情况，表示被激活的容易程度；函数 φ 称为激活函数（activation function），用来控制是否被激活以及输出。从数学表达式上来看，权重参数和偏置参数可以统称为权重。

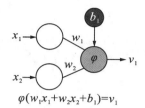

$$\varphi(w_1 x_1 + w_2 x_2 + b_1) = v_1$$

图 4.20　人工神经元的基本结构示意

最早的感知机模拟神经元的激活机制，激活函数使用的是阶跃函数，当超过某个阈值时输出为 1，否则输出为 0。它因为无法进行非线性分类，输出只有 1 和 0 两个值，不能用于反馈调节的过程，所以现在基本不会使用了。

现在使用的激活函数目的有两个：一是给神经元引入非线性元素，使得神经网络可以逼近任何非线性函数，从而应用到众多的非线性模型中；二是应对进一步处理过程中遇到的各种计算问题，比如求导等。

常用的激活函数有以下一些（实现代码请参考本书 C4\s4_3_2_ActivationFunction）。

（1）sigmoid 函数。

$$f(x) = \frac{1}{1 + e^{-x}} \tag{4.34}$$

其导数为：

$$f'(x) = f(x)(1 - f(x)) \tag{4.35}$$

函数及其导数的图形如图 4.21 所示。

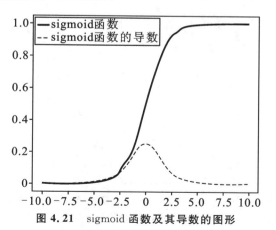

图 4.21　sigmoid 函数及其导数的图形

sigmoid 函数的特点是：输出在 0 到 1 之间，这个和概率的范围是一致的；常用于二分类任务的最后一级。它的主要缺点有三个。一是计算量大。二是用于反向传播算法中计算梯度时，容易出现梯度消失情况。从图 4.21 可以看到，当输入较小或者较大时，导数都是接近于 0 的。三是输出值只有正值，输出会出现偏移，导致收敛效果不好，出现 zigzag 现象。

（2）tanh（双曲正切）函数。

$$f(x)=\tanh(x)=\frac{\mathrm{e}^x-\mathrm{e}^{-x}}{\mathrm{e}^x+\mathrm{e}^{-x}}=2\mathrm{sigmoid}(2x)-1 \tag{4.36}$$

其导数为:

$$f'(x)=1-f^2(x) \tag{4.37}$$

函数及其导数的图形如图 4.22 所示。

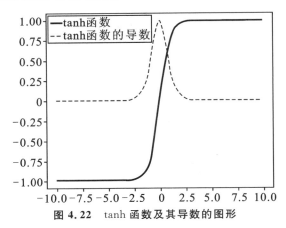

图 4.22　tanh 函数及其导数的图形

tanh 函数的特点是:将任意实数映射至±1 之间,相当于均值为 0。由图可以看到它和 sigmoid 函数很相似,都是 S 形状的函数。通常在神经网络的中间层使用 tanh 函数会比用 sigmoid 函数要好一点,可以加快收敛速度,减少迭代次数,但是仍然会出现梯度消失现象。

(3)ReLU(rectified linear unit)函数。

$$f(x)=\max(0,x) \tag{4.38}$$

其导数在 x 大于 0 时为 1。

函数及其导数的图形如图 4.23 所示。

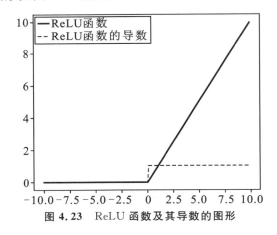

图 4.23　ReLU 函数及其导数的图形

ReLU 函数的优点是:计算简单,在梯度下降算法中收敛速度比 tanh 函数和 sigmoid 函数快很多。缺点是:在用于神经网络的训练时,神经元容易出现不对任何数据有激活现象的情况,梯度始终为 0,这样的神经元被称为"die",即死亡结点;和 sigmoid 函数一样,输出有偏移现象,输出均值大于 0。

针对 ReLU 函数的一些不足,人们提出了一些改进的 ReLU 函数,比如 leaky ReLU 函数、PReLU 函数、ELU 函数等,如图 4.24 所示。

leaky ReLU/PReLU 的函数公式为

$$f(x) = \max(ax, x) \tag{4.39}$$

其中,当 a 等于一个固定的较小的常数时,比如 0.01,就称为 Leaky ReLU 函数;如果 a 不是固定的,而是可学习的,就是 PReLU 函数。如果不同神经元使用的 a 不同,是一个在较小范围内的随机值,则称为 randomized leaky ReLU 函数。如果将小于 0 的部分限制在某一个较小范围之内,使其处于软饱和状态,就成了 ELU 函数:

$$f(x) = \begin{cases} x, & x > 0 \\ \alpha(e^x - 1), & x \leqslant 0 \end{cases} \tag{4.40}$$

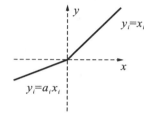 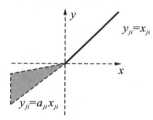 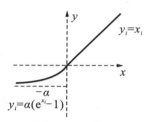

(a) leaky ReLU/PReLU函数　(b) randomized leaky ReLU函数　(c) ELU函数

图 4.24　一些改进的 ReLU 函数

(4) maxout 函数。

$$f(x) = \max_{j \in [1, k]} (\boldsymbol{w}_j^{\mathrm{T}} \boldsymbol{x} + \boldsymbol{b}_j) \tag{4.41}$$

maxout 函数是 2013 年由 Goodfellow 提出来的。它也是一种可学习的激活函数。$\boldsymbol{w}_j^{\mathrm{T}}$ 是可变的,它将神经元的输入加权和进行了加权。它是一个分段线性函数,取 k 个直线中值最大的直线所在的那一段,如图 4.25 所示,相当于用分段线性函数拟合任意凸函数,所以它具有很强的拟合能力。k 值越大,分段越多。图 4.25 分别拟合了 ReLU 函数、绝对值函数、二次函数。它的缺点就是参数将会成 k 倍增加,本来只需要一组参数,现在需要 k 组参数。

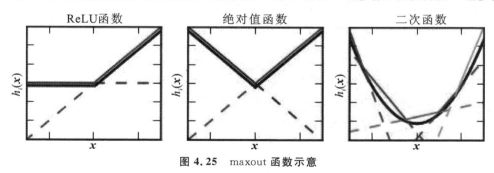

图 4.25　maxout 函数示意

(5) softmax 函数。

$$p_j = \mathrm{softmax}(a_j) = \frac{e^{a_j}}{\sum_{i=1}^{N} e^{a_i}} \tag{4.42}$$

softmax 函数又叫归一化指数函数。它可以把一个序列 $[a_1, a_2, \cdots, a_N]$ 变成类似概率的输出 $[p_1, p_2, \cdots, p_N]$。经过该运算之后,所有 p_j 的值都在 $[0, 1]$ 范围内,并且所有的 p_j

加在一起等于 1,所以它常在解决多分类问题的神经网络的输出层使用。

例 4.6 计算序列 $[1,2,3]$ 经过 softmax 函数后的输出。

解 直接代入式(4.42),有

$$\text{softmax}(a_1) = \frac{e^1}{e^1 + e^2 + e^3} = 0.090\ 030\ 57$$

同理可得到 $\text{softmax}(a_2)$、$\text{softmax}(a_3)$,最终输出结果为 $[0.090\ 030\ 57, 0.244\ 728\ 47,$
$0.665\ 240\ 96]$。

在应用 softmax 函数时需要注意一些问题。比如,如果例 4.6 的输入序列为 $[1001,$
$1002, 1003]$,分子和分母的数值都会变得非常大,比如分子将变成 e^{1001},而计算机存储的数据位宽一般都有限制,会出现数值过大溢出问题。所以,通常该函数分子和分母同时乘以一个系数,最后变为

$$p_j = \text{softmax}(a_j) = \frac{C\,e^{a_j}}{\sum\limits_{i=1}^{N} C\,e^{a_i}} = \frac{e^{a_j+\ln C}}{\sum\limits_{i=1}^{N} e^{a_i+\ln C}} = \frac{e^{a_j+D}}{\sum\limits_{i=1}^{N} e^{a_i+D}} \tag{4.43}$$

其中,D 可以取任意值,一般取序列中最大值的负数。

经过以上处理,虽然可以解决数值很大的问题,但如果序列值相差过大,比如 $[-10\ 000, 0,$
$10\ 000]$,依然会出现溢出问题,有时提示 NaN(not a number)问题,这时可以考虑取对数,即采用 logsoftmax 函数:

$$\ln(p_j) = \ln(\text{softmax}(a_i)) = \ln\left(\frac{e^{a_j}}{\sum\limits_{i=1}^{N} e^{a_i}}\right) = a_j - \ln\left(\sum\limits_{i=1}^{N} e^{a_i}\right) \tag{4.44}$$

它还省去了一个除法和指数计算,数值也更稳定。

softmax 函数的偏导数(梯度)为

$$\frac{\partial p_j}{\partial a_i} = \frac{\partial}{\partial a_i}\left(\frac{e^{a_j}}{\sum\limits_{i=1}^{N} e^{a_i}}\right) \tag{4.45}$$

进一步化简,分为以下两种情况:

当 $j = i$ 时

$$\frac{\partial p_j}{\partial a_i} = \frac{\partial}{\partial a_i}\left(\frac{e^{a_j}}{\sum\limits_{i=1}^{N} e^{a_i}}\right) = \frac{(e^{a_j})'\left(\sum\limits_{i=1}^{N} e^{a_i}\right) - e^{a_j} e^{a_i}}{\left(\sum\limits_{i=1}^{N} e^{a_i}\right)^2} = p_j(1 - p_i) \tag{4.46}$$

当 $j \neq i$ 时

$$\frac{\partial p_j}{\partial a_i} = \frac{\partial}{\partial a_i}\left(\frac{e^{a_j}}{\sum\limits_{i=1}^{N} e^{a_i}}\right) = \frac{0 \cdot \left(\sum\limits_{i=1}^{N} e^{a_i}\right) - e^{a_j} e^{a_i}}{\left(\sum\limits_{i=1}^{N} e^{a_i}\right)^2} = -p_j p_i \tag{4.47}$$

如果将 softmax 函数与交叉熵损失函数相配合,则梯度计算将会变得非常简单。这将在下一节进行介绍。

还有许多其他激活函数,这里不一一列举。激活函数主要是为人工神经元加入非线性

因素,提高其表达能力,以及解决神经网络在完成不同任务要求时、在不同场景的计算情况下遇到的问题而提出的。单个神经元的功能比较有限,组成多层的神经网络才能有更强大的功能。

4.3.3　人工神经网络

人工神经网络也称为类神经网络,是由众多人工神经元相互连接而组成的。根据组成结构的不同,它主要分为前馈(feedforward)和反馈(feedback)两种类型。

前馈型人工神经网络也称为多层感知机(MLP,multi-layer perceptron),神经元从输入开始,每一层神经元接收前一级的输入并输出到下一级,直至输出层,网络结构中没有反馈,是一种单向多层的结构。通常将和外界输入相连的第一层称为输入层,将输出结果的最后一层称为输出层,将其他中间所有层统一称为隐藏层或中间层。

在反馈型人工神经网络中,神经元从输出到输入还具有反馈连接,比如 Elman 神经网络、Jordan 神经网络、Hopfield 神经网络等,系统的下一个状态输出取决于当前输入以及当前状态,这在需要关注上下文时,或者在有关时间序列的计算中是非常有用的。反馈型人工神经网络具有类似大脑的联想记忆功能。比如语音识别中,如果识别出们"mén"这个音,可能无法判断是"门"还是"们",但如果结合前面的音是"wǒ",就很容易识别出应该是"我们"这两个字了。当然,如果上下文是"他叫住了我,门开了",要识别出是"我"和"门"这两个字,引入记忆功能就更容易做到。这一类反馈型人工神经网络又称为时间递归神经网络(RNN,recurrent neural network),也称为循环神经网络。需要注意的是,还有一种结构上递归的神经网络(RNN,recursive neural network),缩写形式和时间递归神经网络相同,它主要是一种采用树状结构的神经网络,目前相比循环神经网络还未体现出明显的优势,仍然是一个开放的研究领域。当提到递归神经网络时,应该指这两种结构,只是因为时间递归循环网络及其变种目前应用领域更广,所以 RNN 有时主要指时间递归神经网络。

这里主要介绍前馈型人工神经网络。它是其他各种结构的人工神经网络的基础。图 4.26 所示为一个基本的全连接型前馈型人工神经网络示意图。所谓全连接,是指相邻两层神经元之间任意 2 个神经元节点都是连接的。

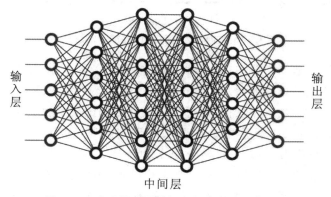

图 4.26　全连接型前馈型人工神经网络示意图

神经网络可以看作是一个在权重 w 和偏置 b 参数下,对输入 X 求输出 $f(X)$ 的函数。比如,在手写数字识别中,数据集 MINST 中的数据是一个 $784(=28\times28)$ 像素的灰度图像,可以将这 784 个值作为输入 $\boldsymbol{X}$，而输出则是 0～9 这 10 个数字的分类结果。那么，对于输入层来说，就需要 784 个神经元来接收 784 个像素点的值，而输出层则应该有 10 个神经元，对应着 10 种不同类别的数字。

显然，对于某一个输入 $\boldsymbol{X}$，输出 $f(\boldsymbol{X})$ 和真实的结果 $\boldsymbol{Y}$ 越接近，表示识别越准确，模型的健壮性越好。这样，就可以定义一个损失函数（loss function），$L(\boldsymbol{Y},f(\boldsymbol{X}))$，用来衡量模型的输出和真实值的不一致程度。比如，可能会想到使用欧氏距离来进行度量——平方损失函数就采用了该方法。事实上，由于样本的分布不同以及对于计算的需求不同等因素，有着许多不同类型的损失函数可以用来衡量模型的输出和真实值之间的差异。损失函数的值越小，说明输出和真实值越接近。

在监督学习中，用于学习的数据及其对应的结果（又称标签）是已知的。所谓神经网络的学习或者训练过程，就是调整权重 w 以及偏置 b（下面统一称为 $\boldsymbol{\theta}$），使得损失函数的值达到最小的过程。但是由于训练数据集中的数据很多，因此更希望使平均损失最小化。在前面介绍支持向量机时提到过，训练好的分类器对训练数据分类得到的误差称为经验风险，对应的风险函数（risk function）就可以理解为损失函数的期望，一般称为代价函数（cost function），表示对所有训练数据的平均误差，所以训练的目标这时就变成了最小化经验风险，即最小化 $C(\boldsymbol{\theta})$：

$$C(\boldsymbol{\theta}) = \frac{1}{N}\sum_{i=1}^{N}L(y_i,f(x_i)) \tag{4.48}$$

但是，是否经验风险最小就是最好呢？答案是否定的，因为还存在着过拟合的问题，即对训练数据拟合得非常好，可是预测时效果不太好。欠拟合、合适拟合、过拟合示意图如图 4.27 所示。

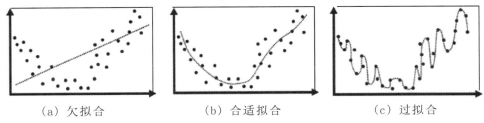

（a）欠拟合　　　　　　　（b）合适拟合　　　　　　　（c）过拟合

图 4.27　欠拟合、合适拟合、过拟合示意图

过拟合和欠拟合是机器学习中很重要的两个概念。在学习和训练一个模型时，采用的方法是针对训练数据使输出误差最小。但训练的目的并不是针对已知数据，而是希望能找到相关领域的一般化问题的解。然而，通过数据集学习到的模型和真实模型之间是有差距的。训练数据集的误差和一般数据集的误差之间的差异，称为泛化误差（generalization error）。泛化误差由偏差（bias）、方差（variance）和噪声（noise）三个部分组成。偏差反映了学习算法本身的拟合能力，方差反映了数据变动造成的影响，噪声则反映了学习问题本身的难度。偏差反映的是训练数据和真实结果之间的差异，而方差反映的是相同分布的不同训练数据与真实结果之间的差异。图 4.28 反映了两者之间的关系，其中靶心代表真实值。

过拟合意味着在训练数据集上具有高方差和低偏差，导致模型的泛化能力不佳。欠拟合容易导致低方差和高偏差。偏差和方差往往存在冲突，需要进行权衡。

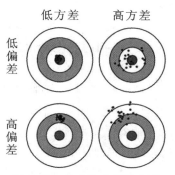

低方差　　高方差

低偏差

高偏差

图 4.28　偏差和方差示意图

　　如果过于追求模型对训练数据的预测能力，就可能导致获得的模型复杂度比真实模型更大，从而发生过拟合。容易导致过拟合的因素还有训练数据较少、噪声干扰过大等。

　　为了防止出现过拟合，一种方法就是避免模型太复杂，也就是使结构风险最小。这时，我们可以定义一个函数 $\Phi(\boldsymbol{\theta})$ 来度量模型的复杂度。该函数又称为正则化项（regularizer term）或惩罚项（penalty term）。它一般是参数 $\boldsymbol{\theta}$ 中权重 w 的 L_1-范数或 L_2-范数的平方除以 2。参数 $\boldsymbol{\theta}$ 中权重 w 的 L_1-范数和 L_2-范数的平方除以 2 分别叫 L_1 正则项和 L_2 正则项。

　　这样，神经网络的训练就变成了找到使目标函数（代价函数＋正则化项）最小化的 $\boldsymbol{\theta}$ 值，即：

$$\theta^* = \underset{\boldsymbol{\theta}}{\arg\min}\left(\frac{1}{N}\sum_{i=1}^{N}L(y_i, f(x_i, \boldsymbol{\theta})) + \lambda\Phi(\boldsymbol{\theta})\right), \quad \lambda \text{ 为正则化参数，可调} \quad (4.49)$$

其中，$\lambda \in [0, \infty)$，用来权衡代价函数和正则化项在目标函数中所占的比例。如果 $\lambda = 0$，就表示没有正则化项部分，神经网络训练过程就变成了让代价函数最小化。λ 越大，正则化项部分所占比重就越大。当目标函数取 L_1 正则化项时，$\Phi((\boldsymbol{\theta})) = \|w\|_1 = \sum_i |w_i|$；当取 L_2 正则化项时，$\Phi(\boldsymbol{\theta}) = \frac{1}{2}\|w\|_2^2$。

　　常用的损失函数如下。

　　（1）平方损失（square loss）函数。

$$L(\boldsymbol{Y}, f(\boldsymbol{x})) = \frac{1}{2}(\boldsymbol{Y} - f(\boldsymbol{x}))^2 \quad (4.50)$$

平方损失也称为均方误差，为了求导计算方便，没有计算平均，改为乘以 1/2。

　　（2）交叉熵损失（cross entropy loss）函数。

　　如果将真实的输出 $\boldsymbol{Y}$ 理解为一种概率分布，那么训练的过程就是希望在输入样本为 $\boldsymbol{X}$ 的情况下，输出概率和真实概率一致。如果用 $P(\boldsymbol{Y}|\boldsymbol{X})$ 表示样本 $\boldsymbol{X}$ 在分类为 $\boldsymbol{Y}$ 的情况下的概率，那么显然这里希望调整参数，使得 $P(\boldsymbol{Y}|\boldsymbol{X})$ 最大化，也可以理解为通过已知样本来训练模型的参数，找到在已知样本分布情况下，最有可能产生对应 $\boldsymbol{Y}$ 分布的参数值。而作为损失函数，则是希望调整参数 $\boldsymbol{\theta}$ 后，$P(\boldsymbol{Y}|\boldsymbol{X})$ 和 $\boldsymbol{Y}$ 的差异达到最小，所以，引入交叉熵损失函数。交叉熵和熵的定义相似，只是交叉熵定义在两个概率分布之上，反映了它们之间的差异程度。当两个概率分布相等时，交叉熵取得极小值。交叉熵损失函数定义为

$$L(\boldsymbol{Y}, P(\boldsymbol{Y}|\boldsymbol{X})) = -\boldsymbol{Y}\ln P(\boldsymbol{Y}|\boldsymbol{X}) = -\sum_{c=1}^{M} y_{ic}\ln(p_{ic}) \tag{4.51}$$

其中：y_{ic} 为样本 i 的分类标签；p_{ic} 为每一类别的预测输出值，因为通常会用 softmax 函数作为最后的输出，所以结果类似概率的形式。

由于在分类任务中，只有正确类别的标签为 1，其他类别的标签都是 0，因此在计算时，只需要计算正确分类那一项的输出的自然对数的负值即可。比如，在手写数字识别中，如果输入的图像是 3，对应的输出是 0.5，那么交叉熵损失为：$-\ln 0.5 = 0.693$。

交叉熵损失函数 Python 代码实现参考如下：

```
import numpy as np
def cross_entropy_loss(y,f_x):
    delta=1e-7
    return-np.sum(y*np.log(f_x+delta))
```

其中，delta 的定义是为了防止出现 f_x=0 的情况，此时求对数将会得到负无穷。y 为 NumPy 数组存储标签，f_x 数组存储输出，返回值为损失值。

损失函数确定后，代价函数就可以看作是损失函数的期望，可以定义为

$$\text{cost} = \frac{1}{N}\sum_{i=1}^{N} L(y_i, f(x_i)) = \frac{1}{N}\sum_{i=1}^{N}\left(-\sum_{c=1}^{M} y_{ic}\ln(p_{ic})\right) \tag{4.52}$$

其中，N 为样本数，M 为分类数，y_{ic} 为样本的分类标签，p_{ic} 为每一类的预测输出值。

特别地，对于二分类问题，如果预测样本 i 为正样本的概率为 p_i，则有

$$\text{cost} = \frac{1}{N}\sum_{i=1}^{N} L(y_i, f(x_i)) = -\frac{1}{N}\sum_{i=1}^{N}(y_i\ln p_i + (1-y_i)\ln(1-p_i)) \tag{4.53}$$

后面还将介绍在神经网络中激活函数使用 sigmoid 函数或 softmax 函数，损失函数使用交叉熵损失函数，还能进一步减少学习和训练过程中的计算量，加速收敛过程。

（3）铰链损失（hinge loss）函数。

铰链损失的思想是希望让属于某一类和不属于这一类的距离达到一个最大间隔 Δ，如果在 M 个类别中，属于这一类的输出一个数值 f 作为分数，不属于这一类的输出为 f'，则当 f 和 f' 的差距超过 Δ 时，就认为两者都正确分类了，误差记为 0，否则就累积计算两者的差值 $f' - f$ 和 Δ 的差距。通过训练，使得总误差为 0，也就是将不同类别的差距都至少保持在 Δ 之上。这样，既通过调整权值来使所有不同的类别尽可能分开，同时又不希望过大的差距数值对整体训练带来影响，所以只关注间隔没达到 Δ 的类别。它主要用于最大间隔（maximum margin）算法中。最大间隔算法是支持向量机支持向量机中的主要算法，所以该损失函数在支持向量机中较常用。铰链损失函数的定义为

$$L_i = \sum_{j_c}\max(0, f(x_i, \boldsymbol{\theta})_{j_c} - f(x_i, \boldsymbol{\theta})_{j_r} + \Delta) \tag{4.54}$$

其中，求和符号表示所有预测错误的类的分数按照公式进行累加。

例 4.7 某神经网络用于识别猫、狗、猪三种动物的图片，使用铰链损失函数作为损失函数，现在输入一张猫的图片时，经过该神经网络在这三类下的输出分数分别为 12,11,-5，假

设 $\Delta=10$,计算此时损失函数的输出值。

　　解　由式(4.54),得
$$L=\max(0,11-12+10)+\max(0,-5-12+10)=9+0=9$$
所以得到此时损失函数的输出值为 9。

　　对于多样本训练,通常是求损失函数的期望,也就是代价函数再加上正则化项,就是目标函数。

　　铰链损失函数还有其他一些变体形式,比如在二分类问题中,定义为
$$L=\max(0,1-y\cdot f(x,\boldsymbol{\theta})) \tag{4.55}$$
其中,y 为标签值,常用 -1 或 $+1$。

　　当预测为 1 时,函数图形如图 4.29 所示。因和铰链形状相似,故名为铰链损失。

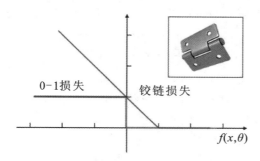

图 4.29　铰链损失和 0-1 损失示意图

　　也有人(Weston 和 Watkins)提出不用所有分类错误预测分数的累加而改用错误分类预测的最大值作为损失,即
$$L_i=\max(0,\max(f(x_i,\boldsymbol{\theta})_{j_c})-f(x_i,\boldsymbol{\theta})_{j_r}+\Delta) \tag{4.56}$$

　　铰链损失函数是一个凸函数(convex function),适用于机器学习的所有凸优化中。虽然该函数不可微,但是可以分段求其梯度:
$$\frac{\partial\text{loss}}{\partial\theta_i}=\begin{cases}-y\cdot x_i, & if\ y\cdot f(x_i,\boldsymbol{\theta})<1\\ 0, & \text{其他}\end{cases} \tag{4.57}$$

　　确定了损失函数以后,接下来就是解决如何对神经网络的参数进行训练这个问题了。对于神经网络的训练,就如同是在搜索过程中,以参数的初始值作为初始状态,以调整参数的值作为算符,将能使损失函数取得最小值的参数作为目标状态,在评估函数的指引下,尽快到达目标状态。这个过程和第 3 章中的爬山法搜索类似,爬山法搜索要找到极大值,所以选择的是沿着梯度上升的方向;这里要尽快使损失函数取得最小值,所以应该是采用沿着梯度下降的方向,也就是采用梯度下降法(gradient descent method)或最速下降法(steepest descent method)。

　　在微积分里面,对多元函数的各个变量参数求偏导数,把求得的偏导数以向量的形式写出来,就是梯度。比如对于函数 $f(x,y)$,分别对 x,y 求偏导数,求得的梯度向量就是 $(\partial f/\partial x,\partial f/\partial y)^{\mathsf{T}}$,写作 **grad** $f(x,y)$ 或者 $\nabla f(x,y)$。对应在点 (x_0,y_0) 的具体梯度向量就是 $(\partial f/\partial x_0,\partial f/\partial y_0)^{\mathsf{T}}$ 或者 $\nabla f(x_0,y_0)$。如果是 3 个参数的向量梯度,就是

$(\partial f/\partial x, \partial f/\partial y, \partial f/\partial z)^{\mathrm{T}}$，以此类推。

从几何意义上来说，函数的梯度方向就是函数增加最快的方向。比如，对于函数 $f(x, y)$，在点 (x_0, y_0)，沿着梯度向量 $(\partial f/\partial x, \partial f/\partial y)^{\mathrm{T}}$ 的方向，$f(x, y)$ 增加最快。也就是说，沿着梯度向量，会更快找到函数的最大值。反过来说，沿着梯度向量相反的方向，也就是 $-(\partial f/\partial x_0, \partial f/\partial y_0)^{\mathrm{T}}$ 的方向，函数值减小最快，将会更容易找到函数的最小值。

在神经网络的训练过程中，就是希望通过逐步调整参数，找到使损失函数（目标函数）达到最小的参数值。这个时候，就可以沿着梯度减小的方向来迭代调整参数值，直到梯度减小为 0，损失函数达到极小值。此时，有可能找到的是局部最小值，而不是全局最优解，所以我们需要限定损失函数为凸函数，这样就能保证找到全局最优解。

调整参数时，有一个很重要的概念就是学习速率（learning rate，也称为步长）。它决定了在沿着梯度下降的方向迭代的过程中，每一步沿梯度负方向前进的长度。参数 θ 调整的一般公式为

$$\theta = \theta - l_{\mathrm{r}} \cdot \nabla_{\theta} J(\theta) \tag{4.58}$$

其中，l_{r} 表示学习速率，$J(\theta)$ 为目标函数。

例 4.8 使用梯度下降法调整 x 参数，使得函数 $y = x^2$ 取得最小值。

解 首先定义函数及其一阶导数：

```
# 目标函数
def func(x):
    return np.square(x)
    # 目标函数的一阶导数 dy/dx=2*x
def dfunc(x):
    return 2*x
```

让 x 以沿梯度负方向以一定的步长，即学习速率进行调整。

```
# 梯度下降函数
# x_start 为起始值,df 为偏导数,epochs 为迭代次数,lr 为学习速率
def GD(x_start,df,epochs,lr):
    xs=np.zeros(epochs+ 1)
    x=x_start
    xs[0]=x
    for i in range(epochs):
        dx=df(x)
        # v 表示 x 要改变的幅度
        v=-lr*dx
        x+=v
        xs[i+1]=x
    return xs
```

　　为了作图方便,程序的返回值是一个列表,该列表记录了每次调整后的 x 值。如果设置学习速率 $l_r=0.3$,x 初始值为 5,调整 15 次,则调整过程如图 4.30(a)所示,可以看到 x 值很快靠近到能使函数取得极小值的点。图 4.30(b)和(c)所示分别为学习速率设置得较大($l_r=0.7$)以及较小($l_r=0.05$)两种情况下的调整过程。(参考代码 c4/s4_3/s4_8_GD01.py。)

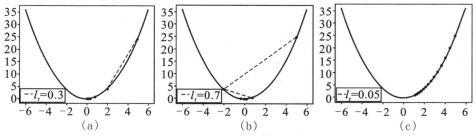

图 4.30　梯度下降法调整过程示意图

　　可以看到,如果学习速率设置得较大,则可能会出现步长过大,导致来回振荡甚至无法收敛的问题;而如果学习速率太小,则可能导致收敛速率太慢,迭代很多次后还没有到达极小值处。所以,通常会选一个较小的值来测试,逐渐增大学习速率进行调整。也可以通过判断损失函数每一次迭代后值下降的程度来判断是否已经趋于收敛状态。

　　更一般地,可以对学习速率增加一个衰减因子,使学习速率随着迭代次数的增加而自动逐渐减小。比如:"lr_i=lr * 1.0/(1.0+decay * i)",其中,"decay"为衰减因子,"i"为迭代次数,用"lr_i"代替"lr"作为学习速率用于参数调整。(参考代码 c4/s4_3/GD02.py。)

　　另外一种对学习速率的改进方法是引入动量(momentum)参数,在相同方向的参数调整过程中,加快学习速度,而当发生方向改变时,降低学习速度。具体做法是:调整参数时,结合参数上一次的状态,比如采用指数加权移动平均之后的梯度代替原梯度进行参数更新。(参考代码 c4/s4_3/GD03.py。)

```
v=-dx*lr+momentum*v
x+=v
```

　　在梯度下降的过程中,如果对于所有样本点采用目标函数来求解梯度,则称为批量梯度下降法(batch gradient descent method);而如果只选用一个随机样本来求梯度,则称为随机梯度下降法(stochastic gradient descent method)。这两个方法看上去好像处于两个极端,有一种方法,称为小批量梯度下降法(mini-batch gradient descent method)就可以看作是二者的折中。它从训练数据中随机选择一部分数据进行学习。

　　使用梯度下降法,需要解决目标函数对神经网络参数的求导问题,得到目标函数对于各参数的梯度值,然后再配合梯度下降法完成网络的训练,这就要用到反向传播算法,所以这类神经网络也称为 BP 神经网络。

　　反向传播算法是指由输出向输入方向,利用求导的链式法则(chain rule)来逐级传播误差。所谓链式法则,就是多元复合函数的求导公式,设 $h=f(u,v)$,$u=g_1(x,y)$,$v=g_2(x,y)$,则 h 对 x、y 的偏导数分别为:

$$\frac{\partial h}{\partial x} = \frac{\partial h}{\partial u} \cdot \frac{\partial u}{\partial x} + \frac{\partial h}{\partial v} \cdot \frac{\partial v}{\partial x}, \quad \frac{\partial h}{\partial y} = \frac{\partial h}{\partial u} \cdot \frac{\partial u}{\partial y} + \frac{\partial h}{\partial v} \cdot \frac{\partial v}{\partial y} \tag{4.59}$$

这样，在反向传播误差时，就相当于乘以局部导数，然后传到下一级。

下面通过一个具体的例子来说明反向传播的计算过程。

例 4.9 假设神经网络结构如图 4.31 所示，包含输入层 i_1、i_2，隐藏层 h_1、h_2，输出层 o_1、o_2，隐藏层和输出层都包含一个偏置。假设初始输入、权重、偏置分别为 $\boldsymbol{X} = (0.05, 0.10)$；$\boldsymbol{w}^{(1)} = \begin{pmatrix} 0.15 & 0.25 \\ 0.20 & 0.30 \end{pmatrix}$，$\boldsymbol{w}^{(2)} = \begin{pmatrix} 0.40 & 0.50 \\ 0.45 & 0.55 \end{pmatrix}$。$b_1 = 0.35, b_2 = 0.60$。激活函数使用 sigmoid 函数，损失函数采用均方误差损失函数，希望训练的结果为 $T_{o_1} = 0, T_{o_2} = 1$。假设学习速率为 0.5，试着写出经过第一次误差反向传播，采用梯度下降法进行参数调整的过程及具体值。

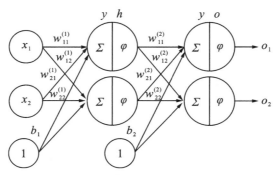

图 4.31 简单神经网络示意图

解 （1）首先根据初始值计算当前输出值。

假设隐藏层求和的输出为 Y，经过激活函数后的输出为 H，则由 $Y = \boldsymbol{w}^{\mathrm{T}} \boldsymbol{X} + \boldsymbol{b}$ 得

$$y_1^{(1)} = w_{11}^{(1)} \cdot x_1 + w_{21}^{(1)} \cdot x_2 + b_1 \cdot 1$$
$$= 0.15 \cdot 0.05 + 0.20 \cdot 0.10 + 0.35 \cdot 1 = 0.3775$$

$$h_1 = \frac{1}{1 + \mathrm{e}^{-y_1^{(1)}}} = \frac{1}{1 + \mathrm{e}^{-0.3775}} = 0.593\,27$$

同样，算出 $h_2 = 0.596\,89$。

进一步算出输出层。

$$y_1^{(2)} = w_{11}^{(2)} \cdot h_1 + w_{21}^{(2)} \cdot h_2 + b_2 \cdot 1$$
$$= 0.40 \cdot 0.593\,27 + 0.45 \cdot 0.596\,89 + 0.60 \cdot 1 = 1.105\,91$$

$$o_1 = \frac{1}{1 + \mathrm{e}^{-y_1^{(2)}}} = \frac{1}{1 + \mathrm{e}^{-1.105\,91}} = 0.751\,37$$

同样，算出 $o_2 = 0.772\,93$。

（2）计算损失值。

由 $L = \sum \frac{1}{2} (T_{o_n} - o_n)^2$，分别计算每一个输出的误差。

$$L_{o_1} = \frac{1}{2} (T_{o_1} - o_1)^2 = \frac{1}{2} (0 - 0.751\,37)^2 = 0.282\,28$$

同样,算出 $L_{o_2} = 0.025\,78$,于是 $L = L_{o_1} + L_{o_2} = 0.308\,06$。

(3)反向传播。

通过反向传播来更新权重,使损失函数值最小化,也就是使神经网络的输出和希望的目标靠近。从最后的输出反向进行,比如调整 $w_{11}^{(2)}$,想知道它对损失函数值的影响情况,求损失函数对其的偏导数,即 $\dfrac{\partial L}{\partial w_{11}^{(2)}}$,应用链式法则,有

$$\frac{\partial L}{\partial w_{11}^{(2)}} = \frac{\partial L}{\partial o_1} \cdot \frac{\partial o_1}{\partial y_1^{(2)}} \cdot \frac{\partial y_1^{(2)}}{\partial w_{11}^{(2)}}$$

每一级函数及其导数表达式分别为:

$$L = \frac{1}{2}(T_{o_1} - o_1)^2 + \frac{1}{2}(T_{o_2} - o_2)^2$$

$$\frac{\partial L}{\partial o_1} = -(T_{o_1} - o_1) + 0 = -(0 - 0.751\,37) = 0.751\,37$$

$$o_1 = \frac{1}{1 + e^{-y_1^{(2)}}}$$

$$\frac{\partial o_1}{\partial y_1^{(2)}} = o_1(1 - o_1) = 0.751\,37(1 - 0.751\,37) = 0.186\,81$$

$$y_1^{(2)} = w_{11}^{(2)} \cdot h_1 + w_{21}^{(2)} \cdot h_2 + b_2 \cdot 1$$

$$\frac{\partial y_1^{(2)}}{\partial w_{11}^{(2)}} = h_1 + 0 + 0 = 0.593\,27$$

于是得到

$$\frac{\partial L}{\partial w_{11}^{(2)}} = 0.751\,37 \times 0.186\,81 \times 0.593\,27 = 0.083\,27$$

这样,对于 $w_{11}^{(2)}$ 就可以使用梯度下降法进行更新了。

采用同样的方法,可以算出

$$\frac{\partial L}{\partial w_{21}^{(2)}} = 0.083\,78, \quad \frac{\partial L}{\partial w_{12}^{(2)}} = -0.023\,64, \quad \frac{\partial L}{\partial w_{22}^{(2)}} = -0.023\,79$$

接着继续反向传播,计算隐藏层的参数,由链式法则得

$$\frac{\partial L}{\partial w_{11}^{(1)}} = \frac{\partial L}{\partial h_1} \cdot \frac{\partial h_1}{\partial y_1^{(1)}} \cdot \frac{\partial y_1^{(1)}}{\partial w_{11}^{(1)}}$$

因为 h_1 的输出连到了 o_1、o_2 两个神经元,所以

$$\frac{\partial L}{\partial h_1} = \frac{\partial L_{o_1}}{\partial h_1} + \frac{\partial L_{o_2}}{\partial h_1}$$

其中

$$\frac{\partial L_{o_1}}{\partial h_1} = \frac{\partial L_{o_1}}{\partial y_1^{(2)}} \cdot \frac{\partial y_1^{(2)}}{\partial h_1} = \frac{\partial L}{\partial o_1} \cdot \frac{\partial o_1}{\partial y_1^{(2)}} \cdot \frac{\partial y_1^{(2)}}{\partial h_1}$$

$$\frac{\partial L_{o_1}}{\partial h_1} = 0.751\,37 \times 0.186\,81 \times w_{11}^{(2)} = 0.751\,37 \times 0.186\,81 \times 0.40 = 0.056\,15$$

同样,得到

$$\frac{\partial L_{o_2}}{\partial h_1} = \frac{\partial L_{o_2}}{\partial y_2^{(2)}} \cdot \frac{\partial y_2^{(2)}}{\partial h_1} = \frac{\partial L}{\partial o_2} \cdot \frac{\partial o_2}{\partial y_2^{(2)}} \cdot \frac{\partial y_2^{(2)}}{\partial h_1} = -0.019\,93$$

于是

$$\frac{\partial L}{\partial h_1} = \frac{\partial L_{o_1}}{\partial h_1} + \frac{\partial L_{o_2}}{\partial h_1} = 0.056\ 15 - 0.019\ 93 = 0.036\ 22$$

接着计算

$$\frac{\partial h_1}{\partial y_1^{(1)}} = h_1(1 - h_1) = 0.593\ 27 \times (1 - 0.593\ 27) = 0.241\ 30$$

$$\frac{\partial y_1^{(1)}}{\partial w_{11}^{(1)}} = x_1 = 0.05$$

所以

$$\frac{\partial L}{\partial w_{11}^{(1)}} = 0.036\ 22 \times 0.241\ 30 \times 0.05 = 0.000\ 44$$

依此类推,可以求出

$$\frac{\partial L}{\partial w_{21}^{(1)}} = 0.000\ 87, \qquad \frac{\partial L}{\partial w_{12}^{(1)}} = 0.000\ 50, \qquad \frac{\partial L}{\partial w_{22}^{(1)}} = 0.000\ 99$$

(4)采用梯度下降法更新权重值。

$$w_{11}^{(2)} = w_{11}^{(2)} - l_r \cdot \frac{\partial L}{\partial w_{11}^{(2)}} = 0.358\ 36$$

$$w_{21}^{(2)} = 0.408\ 11, \qquad w_{12}^{(2)} = 0.511\ 82, \qquad w_{22}^{(2)} = 0.561\ 90$$

$$w_{11}^{(1)} = 0.149\ 78, \qquad w_{21}^{(1)} = 0.199\ 56, \qquad w_{12}^{(1)} = 0.249\ 75, \qquad w_{22}^{(1)} = 0.299\ 50$$

(5)计算更新后的损失值。

$L = 0.300\ 48$,损失函数值下降量并不大,但是循环执行 10\ 000 次后,分别输入 0.05 和 0.1,神经网络的输出将分别为 0.011\ 66 和 0.988\ 31,损失函数值将变为 0.000\ 14。

损失函数与激活函数组合在一起使用往往可以简化计算,所以通常令

$$\delta_y = \frac{\partial L}{\partial o} \cdot \frac{\partial o}{\partial y}$$

则损失函数对参数的偏导数就写为

$$\frac{\partial L}{\partial w} = \delta_y \cdot h$$

比如,如果损失函数使用交叉熵损失函数,激活函数使用 softmax 函数,如图 4.32 所示,因为标签 p_1 为 1,其余标签均为 0,则由式(4.51)得交叉熵为

$$L = -\ln(p_1)$$

其导数为

$$\frac{\partial L}{\partial p_1} = -\frac{1}{p_1}$$

而由式(4.46)、式(4.47)得 softmax 的偏导数为

$$\frac{\partial p_1}{\partial z_i} = \begin{cases} p_1(1 - p_1), & i = 1 \\ -p_1 p_i, & i \neq 1 \end{cases}$$

由链式法则有

$$\frac{\partial L}{\partial w_{ij}} = \frac{\partial L}{\partial p_1} \cdot \frac{\partial p_1}{\partial z_j} \cdot \frac{\partial z_j}{\partial w_{ij}} = \begin{cases} (p_1 - 1) \cdot \dfrac{\partial z_1}{\partial w_{i1}}, & j = 1 \\ p_j \cdot \dfrac{\partial z_j}{\partial w_{ij}}, & j \neq 1 \end{cases}$$

可以看到,反向传播的计算量变少许多。

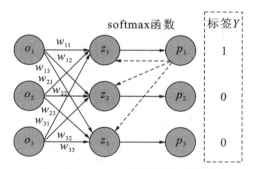

图 4.32　softmax 函数输出层示意

同样,交叉熵损失函数配合 sigmoid 函数也能使计算简化许多,读者可以作为练习自行推导。

以上分析了全连接型前馈型人工神经网络的基本结构和具体实现方法。首先在结构设计上,不难发现,输入层神经元的数量是由输入数据的特征(又称维度)所决定的;输出层神经元的数量则是由任务,比如分类的类别数决定的。那么,对于隐藏层,如何选择才最佳呢?是隐藏层越多越好吗?每一个隐藏层神经元的数目也是越多越好吗?理论上来说,隐藏层的层次越深、规模越大,所表示的函数就可以越复杂。然而,实际应用中并非如此。比如,更复杂的神经网络所带来的计算量的增加也是显著的,而且随着神经网络的加深,会出现梯度消失、梯度爆炸等一系列的问题。只有解决这些问题,更深层的神经网络结构带来的优势才能体现出来。深度学习就是指神经网络的层较多较深时的一些特殊结构和处理方法。目前的全连接型前馈型人工神经网络,对于如何选择和设计隐藏层并没有一个标准的方法,更多的是通过实践去调试、去优化。另外,对于参数的选择,主要包括每层的神经元所采用的激活函数、系统所使用的目标函数、梯度下降法中的学习速率等,同样需要通过实际的测试来获得最佳的组合。

◀ 4.4　非监督学习 ▶

非监督学习,也称为无监督学习,其主要特征就是训练的样本不需要标注信息,而是由模型自己去发掘数据中的特征和模式,主要用于降维、聚类、寻找关联信息等方面。它常用的算法有主成分分析(PCA,principal component analysis)、聚类、隐马尔可夫模型、异常检测、自编码器、生成对抗网络等。本节将介绍其中一部分,这些也是人工智能技术的重要基础。

4.4.1　主成分分析

主成分分析是一种被广泛使用的提取数据的主要特征分量和对数据进行降维的算法。在许多领域的研究和应用中,获得的数据样本可能包含很多的变量,更多的变量虽然可以提供更丰富的信息,但是也大大增加了数据分析和处理的复杂度。所以,在很多情况下,需要找到一种方法,以尽可能减少数据的特征(维度),并尽量维持原数据中的有用信息,比如去除噪声、冗余特征或者不重要的特征等。

降维能使数据集更容易被使用,并且能减少算法的计算量、去除噪声,使结果更容易理解。用于数据降维的方法有很多,主成分分析是最常用的方法之一。

主成分分析的主要思想是将 n 维特征数据映射到 k 维的全新正交特征上,这 k 维特征就被称为主成分。主成分分析的工作就是按顺序从 n 维原始空间中寻找可以作为主成分的新空间的坐标轴。新的坐标轴与数据本身是密切相关的。

选择新坐标轴的方法如下。首先将坐标轴中心移到数据的中心,然后旋转坐标轴,选择原始数据在其上的投影方差最大的坐标轴作为第一个坐标轴。在这个坐标轴上,数据的投影最分散,因为方差表示数值的分散程度。第二个坐标轴选取与第一个坐标轴正交的所有坐标轴中使得方差最大的那一个。第三个坐标轴选取和前两个都正交的平面中方差最大的那一个。依此类推,由 n 维原始空间可以得到新空间的 n 个坐标轴。通过这种方法发现,大部分方差都包含在前 k 个坐标轴中,后面的坐标轴所含方差几乎为 0。因此,可以只保留前 k 个坐标轴而忽略掉其余的坐标轴,从而实现对数据特征的降维处理。

方差的计算公式为每个数据到数据中心的距离的平方和的均值,即

$$\mathrm{var}(y) = \frac{1}{m-1} \sum_{i=1}^{m} (y_i - \mu)^2 \tag{4.60}$$

其中:y 表示数据集的投影,总共有 m 个数据;y_i 表示数据集中第 i 个数据的投影;μ 表示均值,也就是数据的中心。由于最开始将坐标轴移动到了数据的中心,因此 $\mu=0$,计算方差时只需要计算 y_i 的平方和。除以 $m-1$ 是为了获得无偏估计。方差是针对一维的,而如果是多维数据,则协方差对角线上的数据就对应着每个维度的方差,其他的数据则对应不同维度之间的协方差。当协方差为 0 时,两个维度之间线性无关。找正交的坐标轴,就是要找协方差为 0 的维度,正交的坐标轴能尽可能多地表示原始信息。

假设数据集 $\boldsymbol{X}$ 有 m 个数据,有 n 维特征,将其按列排成 $n \times m$ 的矩阵,设投影矢量为 $\boldsymbol{w}$,它是一个维数为 n 的单位行向量,则 $\boldsymbol{X}$ 投影后的坐标为

$$\boldsymbol{y} = \boldsymbol{w}\boldsymbol{X} \tag{4.61}$$

它表示将 $\boldsymbol{X}$ 的每一列(每个数据)投影到 $\boldsymbol{w}$ 中以每一行的行向量为基(也可以理解为每一个新坐标轴)表示的空间中去。

投影后的数据协方差矩阵为

$$\mathbf{cov}(\boldsymbol{y}) = \frac{1}{m-1} (\boldsymbol{w}\boldsymbol{X} - \overline{\boldsymbol{w}\boldsymbol{X}})(\boldsymbol{w}\boldsymbol{X} - \overline{\boldsymbol{w}\boldsymbol{X}})^{\mathrm{T}} \tag{4.62}$$

其中,$\overline{\boldsymbol{w}\boldsymbol{X}}$ 表示求平均。假设每一个特征都平移到了数据的中心,那么式(4.62)可以简化为

$$\mathbf{cov}(\boldsymbol{y}) = \frac{1}{m-1} (\boldsymbol{w}\boldsymbol{X})(\boldsymbol{w}\boldsymbol{X})^{\mathrm{T}} = \frac{1}{m-1} \boldsymbol{w}\boldsymbol{X}\boldsymbol{X}^{\mathrm{T}}\boldsymbol{w}^{\mathrm{T}} = \boldsymbol{w}\left(\frac{1}{m-1}\boldsymbol{X}\boldsymbol{X}^{\mathrm{T}}\right)\boldsymbol{w}^{\mathrm{T}} \tag{4.63}$$

其中,$\boldsymbol{X}\boldsymbol{X}^{\mathrm{T}}/(m-1)$ 正好是 $\boldsymbol{X}$ 的协方差矩阵,且是一个对称矩阵。

于是现在任务就变成了找到 $\boldsymbol{w}$ 矩阵。它能将原始数据 $\boldsymbol{X}$ 的协方差矩阵变成一个对角矩阵,只有对角线上的元素不为 0,并且对角线上的元素按从大到小依次排列。这个 $\boldsymbol{w}$ 矩阵的前 k 行组成的矩阵就可以使得 $\boldsymbol{X}$ 从 n 维降到 k 维,且丢失的信息最少。由线性代数理论可以知道,对于 $\boldsymbol{X}\boldsymbol{X}^{\mathrm{T}}$,一定可以找到 n 个单位正交的特征向量,将这 n 个特征向量按列组成矩阵 $\boldsymbol{E} = (e_1, e_2, \cdots, e_n)$,则有

$$E^T X\,X^\mathrm{T} E = \Lambda = \begin{bmatrix} \lambda_1 & & & \\ & \lambda_2 & & \\ & & \ddots & \\ & & & \lambda_n \end{bmatrix} \tag{4.64}$$

其中,λ 表示各特征向量的特征值(eigenvalue)。

于是,$w = E^\mathrm{T}$。

由以上分析得到,对 m 条 n 维数据进行主成分分析降维的基本算法如下。

(1)将原始数据按列组成 n 行 m 列的矩阵 X。

(2)对 X 每一行(每一个维度或特征)进行零均值化,也就是将每一行的每个元素减去这该的均值。

(3)求 X 的协方差矩阵 C,如果不除以 m 或 $m-1$,则称为散布矩阵。使用协方差矩阵或散布矩阵都可以,不影响特征值和特征向量。

(4)求 C 的特征值及对应的特征向量。

(5)将特征向量按对应的特征值由大到小排列成矩阵,取前 k 行组成矩阵 w。

(6)由 $y = wX$ 即得到降到 k 维后的数据。

其中,步骤(4)可以采用方阵特征值分解法或矩阵的奇异值分解(SVD,singular value decomposition)法等不同方法来实现,scikit-learn 中的生成分析算法就是采用的奇异值分解法进行求解。在 sklearn 中,为了保证结果的唯一,在进行奇异值分解后,使用 svd_flip 函数对符号进行调整,所以计算的结果和直接应用原理计算出来的结果有时候在符号上有一点区别。

算法对应的参考代码为:

```python
def pca(X,k):  # 将数据 X 降到 k 维
    m_samples,n_features=X.shape
    mean=np.array([np.mean(X[:,i]) for i in range(n_features)])  # 计算每一行的均值
    norm_X=X-mean  # 零均值化
    scatter_matrix=np.dot(np.transpose(norm_X),norm_X)  # 求散布矩阵
    # 计算特征值和特征向量
    eigenvalue,eigenvector=np.linalg.eig(scatter_matrix)
    # 组合在一起,便于排列
    eigen_pairs =[(np.abs (eigenvalue[i]), eigenvector[:, i]) for i in range (n_
features)]
    # 根据特征值从大到小排列特征向量
    eigen_pairs.sort(reverse=True)
    # 选择前 k 个特征向量
    feature=np.array([ele[1] for ele in eigen_pairs[:k]])
    # 获得新的数据
    data=np.dot(norm_X,np.transpose(feature))
    return data
```

下面通过具体数值的计算过程来进一步说明算法的流程,并可以用以上代码进行验证计算结果。参考代码见所附文件 PCA_EigenValue.py。在 sklearn 工具包中使用主成分分析算法的方法请参考 PCA_sklearn.py。

例 4.10 假设数据为 $(0,0)$、$(0,2)$、$(1,2)$、$(3,3)$、$(1,3)$,使用主成分分析算法将其从二维数组降到一维数组。

解 (1)组成矩阵。

$$\begin{pmatrix} 0 & 0 & 1 & 3 & 1 \\ 0 & 2 & 2 & 3 & 3 \end{pmatrix}$$

(2)零均值化。

第 1 行的均值为 1,第 2 行的均值为 2,零均值化后得到

$$\begin{pmatrix} -1 & -1 & 0 & 2 & 0 \\ -2 & 0 & 0 & 1 & 1 \end{pmatrix}$$

(3)计算散布矩阵。

$$\boldsymbol{C} = \begin{pmatrix} -1 & -1 & 0 & 2 & 0 \\ -2 & 0 & 0 & 1 & 1 \end{pmatrix} \begin{bmatrix} -1 & -2 \\ -1 & 0 \\ 0 & 0 \\ 2 & 1 \\ 0 & 1 \end{bmatrix} = \begin{pmatrix} 6 & 4 \\ 4 & 6 \end{pmatrix}$$

(4)求特征值和特征向量。

特征值为

$$\lambda_1 = 10, \quad \lambda_2 = 2$$

对应的特征向量为

$$c_1 \begin{pmatrix} 1 \\ 1 \end{pmatrix}, \quad c_2 \begin{pmatrix} -1 \\ 1 \end{pmatrix}$$

其中,c_1 和 c_2 可取任意实数,标准化后为

$$\begin{bmatrix} 1/\sqrt{2} \\ 1/\sqrt{2} \end{bmatrix}, \quad \begin{bmatrix} -1/\sqrt{2} \\ 1/\sqrt{2} \end{bmatrix}$$

(5)由行向量组成 $\boldsymbol{w}$ 矩阵。

$$\begin{bmatrix} 1/\sqrt{2} & 1/\sqrt{2} \\ -1/\sqrt{2} & 1/\sqrt{2} \end{bmatrix}$$

可以验证

$$\boldsymbol{wCw}^{\mathrm{T}} = \begin{bmatrix} 1/\sqrt{2} & 1/\sqrt{2} \\ -1/\sqrt{2} & 1/\sqrt{2} \end{bmatrix} \begin{pmatrix} 6 & 4 \\ 4 & 6 \end{pmatrix} \begin{bmatrix} 1/\sqrt{2} & -1/\sqrt{2} \\ 1/\sqrt{2} & 1/\sqrt{2} \end{bmatrix} = \begin{pmatrix} 10 & 0 \\ 0 & 2 \end{pmatrix}$$

(6)降维后数据为

$$\boldsymbol{y} = \begin{pmatrix} \dfrac{1}{\sqrt{2}} & \dfrac{1}{\sqrt{2}} \end{pmatrix} \begin{pmatrix} -1 & -1 & 0 & 2 & 0 \\ -2 & 0 & 0 & 1 & 1 \end{pmatrix} = \begin{pmatrix} \dfrac{-3}{\sqrt{2}} & \dfrac{-1}{\sqrt{2}} & 0 & \dfrac{3}{\sqrt{2}} & \dfrac{1}{\sqrt{2}} \end{pmatrix}$$

降维投影后的结果演示如图 4.33 所示。

主成分分析算法的应用比较简单,没有需要调整的主观参数,可以作为一种通用算法。该算法通过舍弃数据中一些不重要的信息,降低了维度,相当于提升了数据的采样密度,可

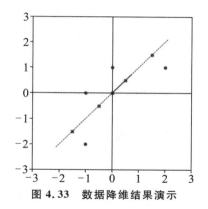

图 4.33　数据降维结果演示

以缓解因为维度过高而引起的一系列问题。因为数据中的噪声往往都与最小特征值对应的特征向量有关,所以该算法也能起到一定的降噪作用。该算法不仅可以降低数据的维度,也使得降维之后的数据特征相互独立。在应用主成分分析算法时,不仅对训练数据进行处理,对验证数据和测试数据也要执行相同的操作,并且对验证数据和测试数据进行零均值化处理时,需要使用来自训练数据的均值,因为使用由训练数据训练出来的模型去预测测试数据的前提就是假设两者是独立同分布的。该算法舍弃了一些对于训练数据集看似无用的信息,而有可能这些信息对于真实数据来说恰好是重要的,这时就会加剧过拟合现象的发生。

4.4.2　聚类

聚类,顾名思义,就是将相似的数据组织在一起,是一种典型的非监督学习算法。聚类过程通过对没有标记的训练样本数据进行学习,自动地将相似的样本划分为同一类,从而反映出数据的内在规律或特性。不同的类别所代表的含义一般需要由使用者进行分析。聚类的演示如图 4.34 所示。从图中可以很明显地观察到有两类数据,其中实心方形点代表着两个类别的中心。

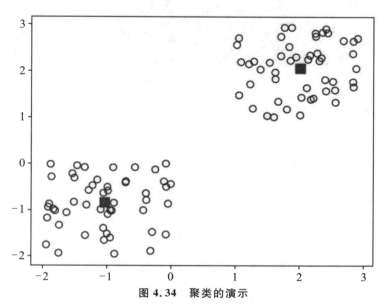

图 4.34　聚类的演示

严格来说,聚类和分类是有区别的。分类通常是按照已经确定的模式和判断标准对目标进行划分,也就是说事先已经有了数据划分标准。比如,在监督学习中,通过学习来得到样本属性和分类标准之间的关系,建立分类模型,然后用于对只包含样本属性的数据进行分类。而聚类事先并不知道具体的划分标准,甚至不知道到底有多少类,由算法判断数据之间的相似性,把相似的样本聚集到一起,使之成为有意义的同一类(也称为同一个簇(cluster))。通过聚类使同一类别的数据之间的相似性尽可能大,使不同类别的数据之间的差别尽可能大。

让机器能够将相似的样本划分为同一类,首先要解决的就是相似性度量的问题,而相似性度量通常采用一种距离的测度,比如曼哈顿距离、欧氏距离等,这部分内容在本书 4.2.4 节中已经进行了重点介绍。常用的聚类方法有 k 均值(k-means)聚类、基于密度的噪声空间聚类(DBSCAN,density based spatial clustering of applications with noise)、层次聚类(hierarchical clustering)等。

1. k 均值聚类

k 均值聚类通常需要自行确定类的个数。每一类都有一个中心,也就是质心或均值,如果用其作为该类的代表,则相当于进行矢量量化(VQ,vector quantization)。如图 4.35 所示,五角星表示学生宿舍的分布,如果希望设置 3 个学生服务点,能尽量离所有学生近一些,那么就可以考虑将学生宿舍聚类成 3 个簇,选择 3 个簇的中心作为设置目标点,如图中的 3 个方形所示。

图 4.35　聚类的应用示例

具体的实现算法如下。

(1)初始化。

根据类的个数 k,随机选择 k 个聚类点作为初始质心。

```
# 随机选择 k 个样本作为初始质心
def initCentroids(dataSet,k):
    numSamples,dim=dataSet.shape
    centroids=np.zeros((k,dim))
    for i in range(k):
        index=int(np.random.uniform(0,numSamples))    # 返回 0~numSamples 中的随机数
        centroids[i,:]= dataSet[index,:]
    return centroids
```

（2）分配。

计算每个样本数据到 k 个初始质心的距离，将其分配给距离最近的初始质心所属的类。这样，所有数据就被分成了 k 个类。

（3）更新。

根据每一类中的点计算该类新的质心，得到 k 个新质心点。然后返回步骤（2），重新将数据划分为新的 k 个类，再执行步骤（3）进行更新，不断迭代这个过程，直到新的质心位置基本不变或达到最大迭代次数为止。（完整代码请参考 \ C4 \ s4 _ 4 _ 2 _ Clustering \ kmeans01. py。）

```python
# k均值聚类 k-means clustering
def k_means(dataSet,k):
    numSamples=dataSet.shape[0]   # 获取 dataSet 的行，即样本数据的个数
    # 定义 clusterAssess 第一列存储该样本属于哪个簇，第二列存储该样本距离它所在簇的质心距离
    clusterAssess=np.mat(np.zeros((numSamples,2)))
    clusterChanged=True   # 设置循环结束调节

    # 初始化质心
    centroids=initCentroids(dataSet,k)

    while clusterChanged:
        clusterChanged=False   # 标记迭代过程中质心是否发生变化
        # 遍历每个数据样本，并进行分配
        for i in range(numSamples):
            minDist=100000.0   # 记录到最近质心的距离
            minIndex=0   # 用来记录距离最近的质心索引号
            # 计算每个数据样本到每个质心的距离，并找到距离最近的质心编号
            for j in range(k):
                distance=euclideanDist(centroids[j,:],dataSet[i,:])
                if distance<minDist:
                    minDist=distance
                    minIndex=j

            # 更新簇内数据
            if clusterAssess[i,0]!=minIndex:
                clusterChanged=True
                clusterAssess[i,:]=minIndex,minDist**2

        # 更新质心
        for j in range(k):
            pointsInCluster= dataSet[np.nonzero(clusterAssess[:,0].A==j)[0]]
            centroids[j,:]=np.mean(pointsInCluster,axis=0)

    return centroids,clusterAssess
```

k均值聚类算法比较简单,但也存在一些需要注意的问题。

首先是最开始初始化质心时,不同的初始化值会影响到最终的聚类结果。解决办法是:可以进行多次初始化,多次运行聚类算法,取最好的结果。一种改进算法称为Bi-kmeans算法,Bi是binary的缩写,使用该算法结果会稳定许多。该算法将聚类后簇内数据距离该簇中心的误差平方和(SSE,sum of square error)作为评价指标。

Bi-kmeans算法的流程为:

(1)首先将所有数据当作一个类,求出其质心,然后将质心分别乘以略大于1和略小于1的系数,分裂成两个质心,再采用$k=2$的k均值方式得到两个质心的最终位置后,分别计算总误差。

(2)对每个簇重复之前的步骤,聚类成2个簇,分别计算聚类后SSE减少的值,选取使得SSE减少最多的那个簇进行划分。

(3)重复步骤(2),直到得到k个类后为止。

以图4.36为例进行说明,需要执行$k=4$的聚类。首先将整体数据集分为簇1和簇2。对簇1和簇2分别进行$k=2$划分,得到簇1划分后SSE减少8($=30-(12+10)$),簇2减少5($=40-(15+20)$),所以选择对簇1进一步进行$k=2$的聚类,得到簇3和簇4。接下来,对当前的3个簇,即簇2、簇3和簇4分别进行$k=2$的聚类,计算SSE的减少值。簇2在之前的步骤中已经计算过SSE的减少值为5,簇3 SSE的减少值为2($=12-(3+7)$),簇4 SSE的减少值为1($=10-(2+7)$),所以选择簇2进行$k=2$的聚类,得到簇5和簇6。所以,最终得到4个类,分别为簇3、簇4、簇5、簇6。

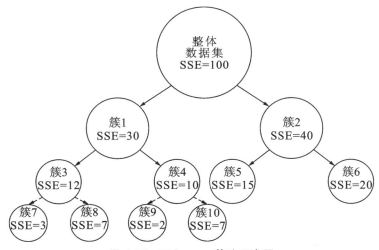

图4.36　Bi-kmeans算法示意图

k均值聚类算法需要注意的第二个问题是k值的选取。有时候并不知道数据应该包含几个不同的类别。通常可采用一些方法来确定k的大小,比如用经验法采用以下公式:

$$k=\sqrt{数据样本数/2} \tag{4.65}$$

但该方法并不具备代表性,更常用的方法有手肘形状法(elbow method)等。手肘形状法通过绘制簇数量和簇的最大方差或者簇内两个元素的最大距离等参数的曲线图,如图4.37所示,寻找最佳状态点,也就是手肘的弯曲处,将其对应的值作为最佳k值。

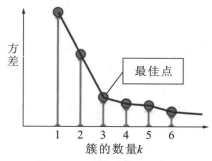

图 4.37　手肘形状法示意图

使用 k 均值聚类算法还需要注意的是：它采用简单的相似性度量，对数据的所有特征同等对待，并不关联数据的实际应用环境，所以通常需要更多地关注数据预处理问题。比如，在有些场景下，数据的不同特征之间可能具有不同的权重，所以需要考虑加权处理。再比如，数据的某些特征对于聚类不仅没有任何意义，还会带来干扰，这时就需要予以去除。对于图 4.38 所示的数据，k 均值聚类的效果就不太好，这时可以采用其他的聚类算法，比如基于密度的噪声空间聚类算法。

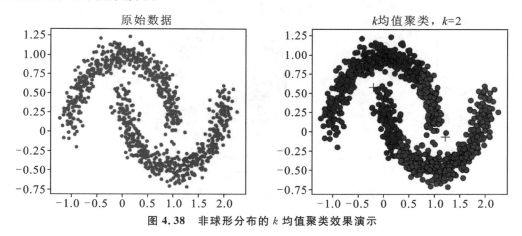

图 4.38　非球形分布的 k 均值聚类效果演示

2. 基于密度的噪声空间聚类

基于密度的噪声空间聚类基于密度对数据点进行处理，主要是将特征空间中足够密集的点划分为同一个簇，簇的形状可以是任意的，并且具有较好的抗噪声性能。基于密度的噪声空间聚类的基本思想是如果某个特定数据属于某个簇，那么它和这个簇中的许多其他的点的距离应该都很近。它的工作流程如下。

（1）定义两个参数：一个正的参数 ε，表示密度的邻域半径；一个自然数 minPoints，表示邻域内的最小点数，称为邻域密度阈值。

（2）标记所有对象为 unvisited。

（3）随机选择一个 unvisited 对象 p，标记其为 visited。

（4）如果 p 的 ε 邻域内包括其自身至少有 minPoints 个对象，则将这些对象放入集合 N 中，并且创建一个新的簇 C，将 p 放入其中。

①检查 N 中所有标记为 unvisited 的数据对象 p'，将其标记为 visited，并看它们是否在 ε 邻域内也包含至少 $minPoints$ 个数据对象，如果是则将这些对象也添加到集合 N 中。

②如果 p' 还不是任何簇的成员，则将其添加到簇 C 中保存。

③以递归的方式扩展簇 C，直到 C 没有可以加入的点，返回到步骤(3)。

(5)否则标记 p 为噪声，并返回到步骤(3)。

针对图 4.38 左图采用基于密度的噪声空间聚类算法，选择 $\varepsilon = 0.2$，minPoints＝20 时，聚类的结果如图 4.39 所示。基于密度的噪声空间聚类算法实现代码可参考 C4\s4_4_2_Clustering\DBSCAN01.py。

图 4.40 所示为基于密度的噪声空间聚类算法在 $\varepsilon = 1.0$，minPoints＝4 时的工作流程示意图，其中空心点表示边界点。

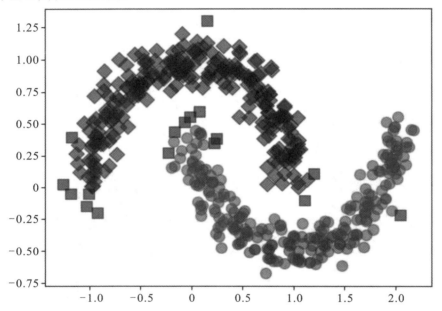

图 4.39　基于密度的噪声空间聚类效果演示

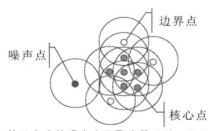

图 4.40　基于密度的噪声空间聚类算法的工作流程示意图

基于密度的噪声空间聚类算法的运行速度相比 k 均值聚类算法要慢一些，在应用时不需要提前设置类的个数，但需要提前确定 ε 和 minPoints 的值，选择不同的参数值会有不同的聚类结果。同 k 均值一样，不同的初始值也会影响到聚类，所以在应用该算法时也需要根据情况进行多次尝试。

对于具有不同密度的簇数据，ε 参数的选择会比较困难，导致基于密度的噪声空间聚类算法的效果也可能不是很好，这时可以采用 OPTICS(ordering points to identify the clustering structure)算法,得到不同邻域参数下的聚类结果。

3.层次聚类

层次聚类可以降低链式效应。所谓链式效应,是指 A 与 B 相似,B 与 C 相似,聚类时会将 A、B、C 聚合为一类,但是如果 A 与 C 不相似,则会造成聚类误差。层次化聚类有自顶向下分裂(divisive)和自底向上聚合(aglomerative)两种方法。分裂层次聚类擅长识别大型集群,而聚合层次聚类擅长识别小聚类。这里主要介绍自底向上的聚合层次聚类。

聚合层次聚类初始时,将每个数据样本都作为一个簇,计算距离矩阵,找出矩阵中除对角线以外距离最小的两个簇,将其合并为一个新的簇,更新距离矩阵,也就是删除两个簇对应的行和列,将合并得到的新簇插入矩阵中。然后重复上述过程,直到将数据样本聚合成一个簇。图 4.41 演示了聚合层次聚类形成的树形图(代码请参考 C4\s4_4_2_Clustering\AGNES01.py)。

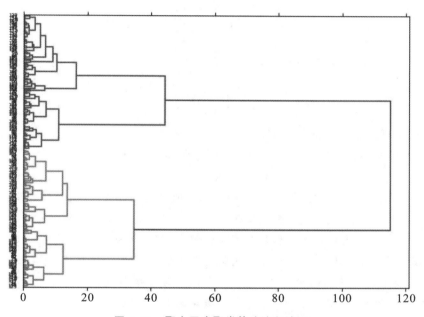

图 4.41　聚合层次聚类算法流程演示

4.4.3　隐马尔可夫模型

隐马尔可夫模型是相对于马尔可夫模型而言的,其中的马尔可夫源于俄国数学家安德烈·马尔可夫(A. A. Markov)。隐马尔可夫模型被广泛地应用在语音识别、词性自动标注、音字转换、自然语言处理等领域。在介绍隐马尔可夫模型之前,先来看看马尔可夫模型。马尔可夫模型也称为马尔可夫链(Markov chain),以随机过程的视角来看,又称为马尔可夫过程(Markov process)。

一个 n 阶的马尔可夫过程是指过程中的每个状态的转移只依赖于过去的 n 个状态。当 $n=1$ 时,就是最简单的一阶马尔可夫过程,它满足以下假设:

(1)$t+1$ 时刻的系统状态的概率分布只与 t 时刻的状态有关,与 t 时刻之前的状态无关。

(2)从 t 时刻到 $t+1$ 时刻的状态转移与 t 的值无关。

简单来说,就是状态将来是什么样子只与当前的状态有关,而和过去的状态无关。或者说,某个物体以随机的方式运动,并且它的运动是无记忆的,满足这种性质的随机过程就可以称作一阶马尔可夫过程。现实生活中有很多场景符合这个假设,比如传染病受感染的人数、股票的价格、公园内的游玩人数、液体中微粒的布朗运动等。马尔可夫过程就是指一个状态不断演变的过程。它是随机过程的典型代表,对其建模后就称为马尔可夫模型;如果过程中状态和时间都是离散的,该过程就可以用随机变量序列 $X_1, X_2, X_3, \cdots$ 表示,此时就称为马尔可夫链。X_i 表示在 i 时刻的状态,X_i 所有可能取值的集合就是状态空间。马尔可夫链中状态的变化可以用条件概率模型来描述:

$$P_{ij} = P(X_j \mid X_i) \tag{4.66}$$

它表示当前状态为 X_i 时下一个状态变为 X_j 的转移概率。整个状态空间的转移概率就可以用状态转移概率矩阵 A 来描述,这便是马尔可夫模型的参数之一。

$$A = (a_{ij})_{N \times N} = \begin{matrix} & X_1\ X_2 \cdots\ X_j \cdots\ X_N \\ \begin{matrix} X_1 \\ X_2 \\ \vdots \\ X_i \\ \vdots \\ X_N \end{matrix} & \begin{pmatrix} a_{11}\ a_{12} \cdots\ a_{1j} \cdots\ a_{1N} \\ a_{21}\ a_{22} \cdots\ a_{2j} \cdots\ a_{1N} \\ \vdots\quad \vdots\quad\ \vdots\quad\ \vdots \\ a_{i1}\ a_{i2} \cdots\ a_{ij} \cdots\ a_{iN} \\ \vdots\quad \vdots\quad\ \vdots\quad\ \vdots \\ a_{N1}\ a_{N2} \cdots\ a_{Nj} \cdots\ a_{NN} \end{pmatrix} \end{matrix} \tag{4.67}$$

其中,N 表示所有可能隐藏状态的个数。

马尔可夫模型参数还包括一个初始状态概率分布向量,称为 π 向量:

$$\pi = (\pi_1, \pi_2, \cdots, \pi_N)^{\mathrm{T}} \tag{4.68}$$

一个一阶马尔可夫模型由状态空间、初始状态概率分布向量 π、状态转移概率矩阵 A 三个部分组成。下面用一个简单的例子来说明。

例 4.11 假设天气的变化服从马尔可夫性质,并假设天气的状态只有 2 种——晴和雨,那么每天观测一次天气就能得到一组天气状态序列。如果某个地区天气变化情况统计为:当天是晴天,第 2 天为晴天的概率为 0.8,第 2 天下雨的概率为 0.2;当天为下雨状态,第二天为晴天的概率为 0.5,第二天还是下雨天的概率为 0.5。假设第一天为晴天的概率为 0.7,请用马尔可夫模型描述该随机过程。

解 依题意有

$$\mathbf{state} = (\mathrm{sunny}, \mathrm{rainy})$$

$$\pi = \begin{pmatrix} \pi_{\mathrm{S}} \\ \pi_{\mathrm{R}} \end{pmatrix} = \begin{pmatrix} 0.7 \\ 0.3 \end{pmatrix}$$

$$A = \begin{pmatrix} 0.8 & 0.2 \\ 0.5 & 0.5 \end{pmatrix}$$

用图来表示这个马尔可夫过程如图 4.42 所示。

有了这个模型,就可以计算该地区和天气相关的一些问题了,比如出现"雨、晴、晴、晴、雨"的概率是多少? 运用条件概率公式即可得

$$P = \pi_{\mathrm{R}} a_{21}\ a_{11}\ a_{11}\ a_{12} = 0.3 \cdot 0.5 \cdot 0.8 \cdot 0.8 \cdot 0.2 = 0.0192$$

再比如,计算某一天为晴天的概率是多少? 无论前一天是晴还是雨,第 2 天都可能为晴

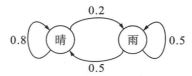

图 4.42　马尔可夫过程实例

天,所以使用全概率公式,前一天是晴天变为第二天还是晴天的概率加上前一天是雨天变为第二天为晴天的概率,即

$$P = \pi_S a_{11} + \pi_R a_{21} = 0.7 \cdot 0.8 + 0.3 \cdot 0.5 = 0.71$$

在马尔可夫模型中,状态变量是可以直接观测到的。现实中还有很多情况,状态变量本身并不能直接观测到,能观测到的只是在该状态下的一些随机输出变量。这样就变成了一个双重的随机过程,其中状态的变化是基本的随机过程,它是隐藏着的,无法直接观测,能观测到的是另一组在对应状态下的输出随机过程。比如对于语音信号,可以观测到的是声音信号,具体来说可以是每个音素的频谱或者强度等参数,这些参数又和文字、词语等相关联。显然,在语音对话中,文字等并不能直接观测得到,人们通过听到的声音来感知对应的文字。再比如,小红在北京,她的容易受到天气的影响,下雨的时候,她经常不开心,10 天里会有 6天不开心、4 天开心;而天晴,她心情就不错,10 天里有 8 天是开心的。小明是小红的朋友,他在武汉,他不知道北京的天气情况,但是他每天会和小红通电话,他知道小红的心情容易受到天气的影响,通过电话他能判断出小红的心情是好还是坏,于是他也就大概知道北京的天气情况了。这时,北京的天气情况对于小明而言就是隐马尔可夫模型。小明无法观测到北京的天气,但是他可以观测到由于北京的天气而产生的结果(小红的心情),也就是北京的天气状态变化是观测不到的隐藏随机过程,可以观测到的是小红的心情,而小红心情的变化是另一个随机过程,所以隐马尔可夫模型相当于是一个双重随机过程。隐马尔可夫模型的表示,相对于马尔可夫模型而言多了可以观测到的所有输出对应的观测空间以及在不同状态下产生的观测输出的概率分布参数 **B** 矩阵:

$$\boldsymbol{B} = (b_i(k))_{N \times M} = \begin{array}{c} \\ X_1 \\ X_2 \\ \vdots \\ X_N \end{array} \overset{\begin{array}{cccc} y_1 & y_2 & \cdots & y_M \end{array}}{\begin{pmatrix} b_1(y_1) & b_1(y_2) & \cdots & b_1(y_M) \\ b_2(y_1) & b_2(y_2) & \cdots & b_2(y_M) \\ \vdots & \vdots & & \vdots \\ b_N(y_1) & b_N(y_2) & \cdots & b_N(y_M) \end{pmatrix}} \tag{4.69}$$

其中,M 表示所有可能观测到的状态的个数,行 **X** 代表隐藏的状态,列 **y** 代表可以观测到的状态,比如 $b_2(y_3)$,简写为 $b_2(3)$,就代表着在 X_2 状态下观测到 y_3 的概率。显然,每一行的概率和为 1。例 4.11 的 **B** 参数为

$$\boldsymbol{B} = \begin{pmatrix} 0.8 & 0.2 \\ 0.4 & 0.6 \end{pmatrix}$$

用图表示,如图 4.43 所示。

一个完整的隐马尔可夫模型 λ 包括具有 N 个状态的隐藏状态空间、由隐藏状态产生的 M 种观测数据的观测空间和 **A**、**B**、**π** 参数。**A** 为隐藏状态的转移概率矩阵;**B** 为观测矩阵,也称为混淆矩阵;**π** 为初始状态概率分布向量。在这个模型下,可以观测到的数据序列用 **O** $= [o_1, o_2, o_3, \cdots]$ 表示,o_i 的取值为观测空间 **Y** 中的某个值。

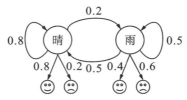

图 4.43　隐马尔可夫模型实例

针对隐马尔可夫模型,有 3 个基本的问题,分别是:

(1)评估问题。

评估问题也称概率计算问题,是指给定模型参数和观测到的数据序列,如何去有效计算在该模型下产生这个观测序列的概率,也就是评估在该模型下有多大的可能性产生这个观测序列。还以前面的例子说明,如果小明知道了与北京的天气和小红的心情对应的隐马尔可夫模型,当有人告诉小明小红这个星期每天都心情不好时,小明应该相信这个人的话几分?

(2)估计问题。

估计问题也称为解码或预测问题,是指给定模型和观测序列,如何找到和该观测序列匹配性最佳的隐藏状态序列,也就是根据观测到的结果推算模型最有可能的隐藏状态变化情况。比如,小明发现小红一个星期都心情不好时,小明怎样去推算这个星期北京最有可能的天气情况?

(3)训练问题。

训练问题也称为学习问题,是指给定观测序列,如何调整模型参数,使得该观测序列出现的概率最大,也就是如何训练模型,使其能更好地描述观测数据。该问题是 3 个问题中最难也是最关键的一个。举例来说,小明只是知道了小红每天的心情,他知道小红的心情是和天气有一定关系的,他需要找出第一天北京的天气情况概率分布,北京晴天和下雨天转换的概率是怎样的,晴天、雨天小红的心情又是怎样受到天气的影响的,也就是不同天气情况下她心情好或者不好的概率可能会是什么样。

下面,分别介绍这 3 个问题的求解方法。

对于第 1 个问题的求解,已知模型参数求产生某个输出序列的概率,通常采用前向算法(forward algorithm)或后向算法(backward algorithm)。如果不采用前向、后向算法,直接使用暴力算法,则由初始状态开始,计算在所有可能的状态组合下,产生该输出序列的概率,然后加在一起即可。当隐藏状态数为 N、状态变化的长度为 T 时,状态的组合数可以达到 N^T,每个状态下还要计算观测值出现的概率,算法的时间复杂度将达到 $O(TN^T)$。当状态数较多或者观测序列较长时,用暴力算法进行计算,复杂度太高,显然不可行。比如,对于图 4.43 所示的隐马尔可夫模型,观测到小红三天的心情为"开心、开心、不开心",这三天的天气状态组合(用 S 代表晴天,用 R 代表雨天,用 H 代表开心,用 U 代表不开心)就有"S,S,S""S,S,R""S,R,S",…,"R,R,R"八种。在"S,S,S"状态下,小红出现对应心情的概率为

$$\pi_S \cdot b_S(H) \cdot a_{SS} \cdot b_S(H) \cdot a_{SS} \cdot b_S(U) = 0.7 \cdot 0.8 \cdot 0.8 \cdot 0.8 \cdot 0.8 \cdot 0.2 = 0.057344$$

……

依次计算完所有概率后加在一起就得到了产生该输出序列的概率。在计算过程中会发

现,很多计算被重复进行,而前向、后向算法采用递归的方式,用到了第 3 章中介绍的动态规划的思想,大大减少了计算量。假设最后一步为在 t 时刻观测到输出 y_t,可能出现的每个状态都由 $t-1$ 时刻观测到的 y_{t-1} 转移而来,从而可以构建递推表达式。这样从初始 $t=1$ 时刻开始向前逐级计算并保存结果,可以避免重复计算。

前向算法的具体流程为:

(1)由初始状态概率分布向量 $\boldsymbol{\pi}$ 开始,计算初始前向概率:

$$\alpha_1(i) = \pi_i b_i(y_1), \quad i = 1, 2, \cdots, N \tag{4.70}$$

(2)递推计算:

$$\alpha_t(j) = \Big[\sum_{i=1}^{N} \alpha_{t-1}(i) a_{ij}\Big] b_j(y_t), \quad j = 1, 2, \cdots, N, \quad t = 2, 3, \cdots, T \tag{4.71}$$

其中 $\alpha_t(j)$ 是为了写递推表达式而定义的前向概率,表示从开始到 t 时刻,状态为 X_j,观测到指定序列的概率。中括号内为观测到前 $t-1$ 个输出时每个状态的前向概率与转移到当前状态时的概率是乘积之和,如图 4.44(a)所示,然后在当前状态下观测到当前的输出 y_t。

(3)最后计算:

$$P(\boldsymbol{Y} \mid \lambda) = \sum_{i=1}^{N} \alpha_T(i) \tag{4.72}$$

即在已知模型 λ 下观测到 $\boldsymbol{Y}$ 序列中 T 个状态的概率。

由图 4.44(b)可以简单估算算法的复杂度。相邻两级中,第 2 级 N 个节点中的每个节点都可以由前 1 级 N 个节点转移而来,计算次数为 N^2,每一级需要进行累加计算,执行时间和 T 个 N^2 成正比,即算法的时间复杂度为 $O(TN^2)$,相对于 $O(TN^T)$,大大降低。

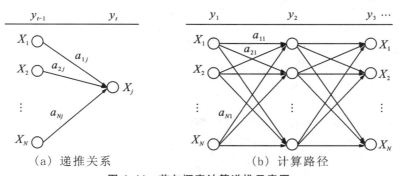

$$\text{(a) 递推关系} \qquad \text{(b) 计算路径}$$

图 4.44　前向概率计算递推示意图

例 4.12　已知北京天气(sunny、rainy)和小红心情(happy、unhappy)的隐马尔可夫模型参数$(\boldsymbol{A}, \boldsymbol{B}, \boldsymbol{\pi})$,用前向算法计算小红 3 天的心情为"开心、开心、不开心"的概率。

$$\boldsymbol{A} = \begin{pmatrix} 0.8 & 0.2 \\ 0.5 & 0.5 \end{pmatrix}, \quad \boldsymbol{B} = \begin{pmatrix} 0.8 & 0.2 \\ 0.4 & 0.6 \end{pmatrix}, \quad \boldsymbol{\pi} = \begin{pmatrix} 0.7 \\ 0.3 \end{pmatrix}$$

解　计算初始前向概率:

$$\alpha_1(S) = \pi_S b_S(H) = 0.56$$
$$\alpha_1(R) = \pi_R b_R(H) = 0.12$$

递推计算：

$$\alpha_2(S) = [\alpha_1(S)a_{SS} + \alpha_1(R)a_{RS}]b_S(H) = (0.448 + 0.06) \cdot 0.8 = 0.4064$$

$$\alpha_2(R) = [\alpha_1(S)a_{SR} + \alpha_1(R)a_{RR}]b_R(H) = (0.112 + 0.06) \cdot 0.4 = 0.0688$$

$$\alpha_3(S) = [\alpha_2(S)a_{SS} + \alpha_2(R)a_{RS}]b_S(U) = (0.325\,12 + 0.0344) \cdot 0.2 = 0.071\,904$$

$$\alpha_3(R) = [\alpha_2(S)a_{SR} + \alpha_2(R)a_{RR}]b_R(U) = (0.081\,28 + 0.0344) \cdot 0.6 = 0.069\,408$$

最后计算

$$P(Y \mid \lambda) = \alpha_3(S) + \alpha_3(R) = 0.141\,312$$

Python 实现前向算法参考代码如下。

```python
def forward(transition_prob,emission_prob,pi,obs_seq):
    '''

    :param transition_prob: 状态转移概率矩阵
    :param emission_prob: 观测矩阵
    :param pi: 初始状态概率
    :param obs_seq: 观测数据序列

    :return: HMM 模型下产生观测数据序列的概率
    '''
    transition_prob=np.array(transition_prob)
    emission_prob=np.array(emission_prob)
    pi=np.array(pi)
    row=np.array(transition_prob).shape[0]
    col=len(obs_seq)
    alpha=np.zeros((row,col))
    alpha[:,0]=pi*np.transpose(emission_prob[:,obs_seq[0]])    # 初始化,计算 alpha 第
1 列
    for t in range(1,len(obs_seq)):  # t 从 1 开始向前推进
        for n in range(row):  # n 表示隐藏状态
            alpha[n,t]=np.dot(alpha[:,t-1],transition_prob[:,n]*emission_prob[n,
obs_seq[t]])  # 式(4.71)
    return alpha
```

完整前向和后向算法代码请参考\C4\s4_4_3_HMM\forward_backward.py,代码中还包括例 4.12 的求解。

和前向算法很相似,后向算法也采用了递推的方式,只是它由后往前递推计算,算法中定义了后向概率 $\beta_t(i)$。它表示在时刻 $t-1$,从状态为 X_i 出发,观测到从 t 到最后的 T 时刻的输出状态时的概率,如图 4.45 所示。显然,对于最终的 T 时刻,后继再没有状态和可观测的内容了。为了方便计算和作为递推的初始条件,将所有状态的后向概率都定义为 1。

后向算法具体流程为:

(1)初始化,对最终时刻所有状态 X_i 的后向概率都定义为 1:

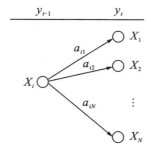

图 4.45　后向算法递推计算

$$\beta_T(i) = 1, \quad i = 1, 2, \cdots, N \tag{4.73}$$

因为最终时刻后面再没有状态和可观测的内容了,为了方便计算,所以定义为 1。

(2)递推计算:

$$\beta_{t-1}(i) = \sum_{j=1}^{N} a_{ij} b_j(y_t) \beta_t(j), \quad i = 1, 2, \cdots, N, \quad t = T, T-1, \cdots, 2 \tag{4.74}$$

(3)最后计算:

$$P(\boldsymbol{Y} \mid \lambda) = \sum_{i=1}^{N} \pi_i b_i(y_1) \beta_1(i) \tag{4.75}$$

对于第 2 个问题的求解,已知隐马尔可夫模型和观测序列,求最有可能产生该观测序列的隐藏状态,常用的算法是维特比算法。

维特比算法的发明者安德鲁·维特比是高通公司(Qualcomm)的创始人之一,于 1967 年首次提出该算法。维特比算法是动态规划的典型应用,即用动态规划求解概率最大的路径,也就是最佳路径。

从最后时刻的 T 观测状态开始分析,假设可以产生该观测状态的隐藏状态有 N 个,那么能产生最大概率的路径,一定来自产生前 $T-1$ 个观测状态并具有最大概率的路径转移到这 N 个状态,所以只需要计算由到达上一个状态的最大概率的路径转移到当前每个状态并产生当前输出的概率,选择其中最大的概率作为当前时刻的最佳路径的概率即可,如图 4.46 所示。按照动态规划的思想,从初始时刻 $t=1$ 开始,递推地计算各个时刻每个状态路径的最大概率,直到最后时刻 $t=T$ 为止,此时得到的最大概率即为最佳路径的概率。然后由后向前依次选择使当前概率值最大的上一个状态,就可以得到最优的隐藏状态序列。

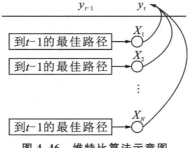

图 4.46　维特比算法示意图

定义 $\delta_{t-1}(i)$ 为在 $t-1$ 时刻,状态为 X_i 的所有单条路径中的概率最大值,则可以得到递

推公式

$$\delta_t(j) = \max_{1 \leqslant i \leqslant N} [\delta_{t-1}(i) a_{ij}] b_j(y_t), \quad j = 1, 2, \cdots, N, \quad t = 2, \cdots, T \tag{4.76}$$

定义在时刻 t,状态为 X_i 的所有单条路径中概率最大的路径上一个时刻的隐藏状态为

$$\psi_t(j) = \arg \max_{1 \leqslant i \leqslant N} [\delta_{t-1}(i) a_{ij}], \quad j = 1, 2, \cdots, N, \quad t = 2, \cdots, T \tag{4.77}$$

得到维特比算法的具体流程为:

(1)初始化:

$$\delta_1(i) = \pi_i b_i(y_1), \quad i = 1, 2, \cdots, N \tag{4.78}$$

$$\psi_1(i) = 0, \quad i = 1, 2, \cdots, N \tag{4.79}$$

(2)递推计算:

$$\delta_t(j) = \max_{1 \leqslant i \leqslant N} [\delta_{t-1}(i) a_{ij}] b_j(y_t), \quad j = 1, 2, \cdots, N, \quad t = 2, \cdots, T \tag{4.80}$$

$$\psi_t(j) = \arg \max_{1 \leqslant i \leqslant N} [\delta_{t-1}(i) a_{ij}], \quad j = 1, 2, \cdots, N, \quad t = 2, \cdots, T \tag{4.81}$$

(3)最后计算:

$$P^* = \max_{1 \leqslant i \leqslant N} [\delta_T(i)] \tag{4.82}$$

$$X_{iT}^* = \arg \max_{1 \leqslant i \leqslant N} [\delta_T(i)] \tag{4.83}$$

(4)回溯得到最优隐藏状态序列:

$$X_{it}^* = \psi_{t+1}(i), \quad t = T-1, T-2, \cdots, 1 \tag{4.84}$$

可以发现,维特比算法和前向算法很相似,主要区别是多了一个回溯步骤,并且以用式 (4.80)对前面状态求最大值代替了前向算法中的式(4.71)求和。维特比算法在 Python 中的实现可以参考代码\C4\s4_4_3_HMM\viterbi_01.py。

例 4.13 假设在高、中、低(H、M、L)三种不同的气压情况下,晴天和下雨的概率分别为:0.75,0.25;0.5,0.5;0.25,0.75。另外,还观察到三种气压的转换概率分布如图 4.47 所示。设初始状态概率 $\pi_H = 0.2, \pi_M = 0.5, \pi_L = 0.3$,如果观察到连续两天的天气情况都是晴天,请估计这两天的气压状况。

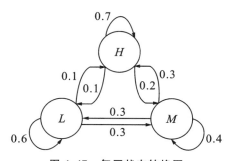

图 4.47 气压状态转换图

解 (1)初始化,计算 $\delta_1(\cdot)$。

由式(4.78)得

$$\delta_1(M) = \pi_M b_M(S) = 0.5 \times 0.5 = 0.25$$

$$\delta_1(L) = \pi_L\, b_L(S) = 0.3 \times 0.25 = 0.075$$
$$\delta_1(H) = \pi_H\, b_H(S) = 0.2 \times 0.75 = 0.15$$

定义 $\psi_1(\cdot) = 0$。

（2）由式（4.80）、式（4.81）计算 $\delta_2(\cdot)$ 和 $\psi_2(\cdot)$。

$$\delta_2(M) = \max\left[\delta_1(H)a_{HM}, \delta_1(M)a_{MM}, \delta_1(L)a_{LM}\right] \cdot b_M(S)$$

代入数值，有

$$\delta_1(H)a_{HM} = 0.15 \cdot 0.2 = 0.03$$
$$\delta_1(M)a_{MM} = 0.25 \cdot 0.4 = 0.1$$
$$\delta_1(L)a_{LM} = 0.075 \cdot 0.3 = 0.0225$$

最大值为 $\delta_1(M)a_{MM}$，所以

$$\delta_2(M) = \delta_1(M)a_{MM}\, b_M(S) = 0.05, \quad \psi_2(M) = M$$

同理，可得

$$\delta_2(L) = \delta_1(M)a_{ML}\, b_L(S) = 0.018\,75, \quad \psi_2(L) = M$$
$$\delta_2(H) = \delta_1(H)a_{HH}\, b_H(S) = 0.078\,75, \quad \psi_2(H) = H$$

（3）根据第（2）步的结果确定最优隐藏状态序列的概率为 0.078 75，最优隐藏状态序列的终状态为 H。

（4）回溯。

由最终状态 $\psi_2(H) = H$ 回溯，得到最优隐藏状态序列为 HH。

隐马尔可夫模型的第 3 个问题是关于如何确定模型参数的问题，即如何建模的问题。对于这个问题，可以分为两种情况。一种实际上属于监督学习的内容了，也就是说如果训练数据不仅有观测数据序列，还知道其对应的隐藏状态序列，那就属于监督学习，可以直接利用最大似然估计（maximum likelihood estimate）算法来估计模型参数。比如已经知道了一段时间北京的天气变化情况，就可以统计晴天中，有多少个晴天的前一天也是晴天，有多少个晴天的前一天是下雨天，从而用最大似然估计算法估计出隐藏状态转移概率矩阵 $\boldsymbol{A}$；再统计在晴天和下雨各种状态下，心情不错有多少天，心情不好又有多少天，从而估计出观测矩阵 $\boldsymbol{B}$。初始状态概率分布向量 $\boldsymbol{\pi}$ 也可以从这些天的天气统计中估算得到。在使用最大似然估计算法时，由于似然函数是连乘的，因此为了方便分析与计算，常常对其取对数，使用对数似然函数，将连乘变成连加。

最大似然函数估计算法的一般步骤为：

（1）写出似然函数，并取对数；

（2）求对数似然函数的导数或偏导数，并令其为 0，得到似然方程；

（3）解似然方程，得到的参数即为所求。

然而，在很多情况下，人工标注训练数据可能代价很高或者无法实现，这时就只能利用非监督学习方法，也就是说在只有观测数据序列 $[o_1, o_2, o_3, \cdots]$ 的情况下，去优化模型的参数 $(\boldsymbol{A}, \boldsymbol{B}, \boldsymbol{\pi})$。在这种情况下，由于存在隐藏状态 $\boldsymbol{X}$，最大似然估计算法很难直接使用，这时常用的算法是鲍姆-韦尔奇算法（Baum-Welch algorithm）。

Baum-Welch 算法的思想是这样的：首先找到一组可以产生输出观测数据序列 $\boldsymbol{O}$ 的模

型参数,构建初始模型 λ_0,比如转移概率和输出观测符号概率都是均匀分布时,就可能产生任何输出。接下来,在这个初始模型的基础上找到一个更好的模型。具体来说,前面已经讨论了隐马尔可夫模型第一个问题和第二个问题的求解,所以基于这个初始模型,可以计算出该模型产生这个观测数据序列 O 的概率以及在该模型下,产生 O 的所有可能路径和这些路径产生 O 的概率。然后,把这些数据当作是标注过的数据,采用前面监督学习的方式,用最大似然估计算法,计算出一组新的模型参数,构建新模型 λ_1。可以证明

$$P(O \mid \lambda_1) \geqslant P(O \mid \lambda_0) \tag{4.85}$$

将上述作为一次迭代过程。这样,重复这个过程,不断迭代下去,直到 $P(O \mid \lambda)$ 不再有明显提高为止。

Baum-Welch 算法每次迭代都是在估计(expectation)新的模型参数,使得在新模型下,观测数据序列的输出概率(可以看作为目标函数)达到最大化(maximization),所以这个过程也称为期望值最大化(EM,expectation maximization)过程。

EM 算法的基本步骤为:

(1)确定完全数据的对数似然函数;

(2)初始化参数的值,然后分两步进行循环迭代;

(3)执行 EM 算法的 E 步,基于当前参数计算在给定观测样本的条件下,对隐变量 x 的条件概率,即隐变量的后验概率值;

(4)执行 EM 算法的 M 步,由 E 步得到的概率值构造目标函数(下界函数),它是隐变量的数学期望,求数学期望的极值来更新参数的值;

(5)当相邻两次迭代目标函数值之差小于指定阈值时,终止迭代。

关于 EM 算法的数学证明,简单分析如下:

首先,对于一个凸函数,在其定义域上的任意两点 x_1,x_2,满足

$$f(t x_1 + (1-t)x_2) \leqslant t f(x_1) + (1-t)f(x_2), \quad 0 \leqslant t \leqslant 1 \tag{4.86}$$

也就是说凸函数任意两点的割线位于函数图形上方,如图 4.48 所示。这也是数学上有名的Jensen 不等式(Jensen's inequality)的两个点的表示形式。凸函数也可以定义为:如果对于所有实数 $x,f(x)$ 的二阶导数都大于或等于 0,那么 f 是凸函数。

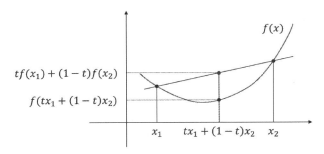

图 4.48 凸函数及 Jensen 不等式示意图

Jensen 不等式是指对于任意点集 $\{x_i\}$,若 $\lambda_i \geqslant 0$ 且 $\sum\limits_i \lambda_i = 1$,则凸函数 $f(x)$ 满足

$$f\left(\sum_{i=1}^{M} \lambda_i x_i\right) \leqslant \sum_{i=1}^{M} \lambda_i f(x_i) \tag{4.87}$$

上述结论可用数学归纳法证明，这里不做说明。在概率论中，如果把式(4.87)中的 λ_i 看成是取值为 x_i 的离散变量 x 的概率分布，那么 Jensen 不等式可以写成 $f(E[x]) \leqslant E[f(x)]$，其中 $E[\cdot]$ 表示期望。举例来说，假设随机变量 x 可以取值为 x_1 和 x_2，取值为 x_1 的概率为 t，取值为 x_2 的概率为 $1-t$，那么 $tx_1 + (1-t)x_2$ 可以看作是 x 的期望 $E[x]$，$tf(x_1) + (1-t)f(x_2)$ 可以看作是 $f(x)$ 的期望，即 $E[f(x)]$，如图 4.48 中所示，满足 $E[f(x)] \geqslant f(E[x])$。Jensen 不等式应用于凹函数时，大于或等于符号反向变成小于或等于符号。

在隐马尔可夫模型参数估计中，相当于在似然函数中多了一个未知变量 x，最大似然估计的目标变成了找合适的参数和 x，使似然函数最大，即

$$\sum_i \log p(o^{(i)} \mid \lambda) = \sum_i \log \sum_{x^{(i)}} p(o^{(i)}, x^{(i)} \mid \lambda) \tag{4.88}$$

因为存在和的对数，求导形式会很复杂，所以进一步对其处理，利用 Jensen 不等式，构造求期望的表达式，$\sum_{x^{(i)}} Q_i(x^{(i)}) \dfrac{p(o^{(i)}, x^{(i)}; \lambda)}{Q_i(x^{(i)})}$ 可以看作是 $\dfrac{p(o^{(i)}, x^{(i)}; \lambda)}{Q_i(x^{(i)})}$ 的期望，$Q_i(x^{(i)})$ 看作是式(4.87)中的 λ_i，由于取对数运算函数 $f(x) = \log(x)$ 为凹函数，因此式(4.87)符号反向，于是有

$$\begin{aligned}
\sum_i \log p(o^{(i)}; \lambda) &= \sum_i \log \sum_{x^{(i)}} Q_i(x^{(i)}) \frac{p(o^{(i)}, x^{(i)}; \lambda)}{Q_i(x^{(i)})} \\
&\geqslant \sum_i \sum_{x^{(i)}} Q_i(x^{(i)}) \log \frac{p(o^{(i)}, x^{(i)}; \lambda)}{Q_i(x^{(i)})}
\end{aligned} \tag{4.89}$$

和的对数就变成了对数的和，求导就容易了。由于是不等式，因此式(4.89)的右边可以看作是一个下界函数，求其极大值，构造新的下界函数，不断优化，使对数似然函数的值也增大，直至收敛到局部最优解。

下面介绍 Baum-Welch 算法获取隐马尔可夫模型参数的具体流程。

首先根据隐马尔可夫模型前向、后向算法，可以得到两个计算公式：

(1)给定隐马尔可夫模型 λ 和观测数据序列 $\boldsymbol{O}$，在时刻 t 处于状态 X_i 的概率，记为

$$\gamma_t(i) = P(i_t = X_i \mid \boldsymbol{O}, \lambda) = \frac{P(i_t = X_i, \boldsymbol{O} \mid \lambda)}{P(\boldsymbol{O} \mid \lambda)}$$

由前向概率 $\alpha_t(i)$ 和后向概率 $\beta_t(i)$ 的定义可知

$$P(i_t = X_i \mid \boldsymbol{O}, \lambda) = \alpha_t(i)\beta_t(i)$$

于是

$$\gamma_t(i) = \frac{\alpha_t(i)\beta_t(i)}{P(\boldsymbol{O} \mid \lambda)} = \frac{\alpha_t(i)\beta_t(i)}{\sum\limits_{j=1}^{N} \alpha_t(i)\beta_t(i)} \tag{4.90}$$

(2)给定隐马尔可夫模型 λ 和观测数据序列 $\boldsymbol{O}$，在时刻 t 处于状态 X_i，在下一时刻 $t+1$ 处于状态 X_j 的概率，记为

$$\xi_t(i, j) = P(i_t = X_i, i_{t+1} = X_j \mid \boldsymbol{O}, \lambda) = \frac{P(i_t = X_i, i_{t+1} = X_j, \boldsymbol{O} \mid \lambda)}{P(\boldsymbol{O} \mid \lambda)}$$

根据前向、后向算法,有

$$\xi_t(i,j) = \frac{P(i_t = X_i, i_{t+1} = X_j, \boldsymbol{O} \mid \lambda)}{\sum\limits_{i=1}^{N} \sum\limits_{j=1}^{N} P(i_t = X_i, i_{t+1} = X_j, \boldsymbol{O} \mid \lambda)} = \frac{\alpha_t(i) a_{ij} b_j(o_{t+1}) \beta_{t+1}(j)}{\sum\limits_{i=1}^{N} \sum\limits_{j=1}^{N} \alpha_t(i) a_{ij} b_j(o_{t+1}) \beta_{t+1}(j)}$$

(4.91)

然后采用 Baum-Welch 算法:

(1)初始化,取 $n=0$,设定一组可以产生观测数据序列的隐马尔可夫模型参数 $a_{ij}^{(0)}$, $b_j(o)^{(0)}$, $\pi_i^{(0)}$。

(2)递推,依次取 $n=1,2,\cdots$,计算

$$a_{ij}^{(n+1)} = \frac{\sum\limits_{t=1}^{T-1} \xi_t(i,j)}{\sum\limits_{t=1}^{T-1} \gamma_t(i)}$$

$$b_j(y_k)^{(n+1)} = \frac{\sum\limits_{t=1,o_t=v_k}^{T} \gamma_t(j)}{\sum\limits_{t=1}^{T} \gamma_t(j)}$$

$$\pi_i^{(n+1)} = \gamma_1(i)$$

(3)终止,得到模型参数 $\lambda^{(n+1)} = (\boldsymbol{A}^{(n+1)}, \boldsymbol{B}^{(n+1)}, \boldsymbol{\pi}^{(n+1)})$。

Baum-Welch 算法的实现代码请参考"\C4\s4_4_3_HMM\baum_welch.py"。

◀ 4.5 机器学习的应用 ▶

传统的机器学习算法已经比较成熟,通过基本原理的学习,我们可以更好地理解和应用这些算法。当然,我们也能自己编写代码去实现,但这样不仅耗时耗力,而且还不一定能够写出架构清晰、稳定性强的模型。从应用的角度来说,在很多情况下,使用现成的工具,高效地应用它们来解决生活生产中遇到的问题也是一种很好的办法。这一节将介绍实现本章算法的一些常用工具及应用方法,可以和本章实验与设计部分结合在一起进行学习。

4.5.1 Python 中通过 scikit-learn 应用机器学习

scikit-learn 简称为 sklearn,它可以看作是 Scipy 的扩展,自 2007 年发布以来,已经成为 Python 重要的机器学习库之一。从它的官网首页(网址为:https://sklearn.org)就可以看出,它不仅支持分类、回归、聚类和降维四大机器学习算法,而且包含模型选择、数据预处理两大模块,如图 4.49 所示。通过使用 scikit-learn 可以大大提高使用机器学习的效率,降低机器学习的应用门槛。

使用 scikit-learn 需要安装 NumPy 和 matplotlib 库。scikit-learn 的文档完善,上手容易,在学术界颇受欢迎。scikit-learn 不仅封装了大量的机器学习算法,还内置了大量的数据集,能方便地对机器学习算法进行学习和测试。

scikit-learn 中使用的决策树采用的是一种优化版本的 CART 算法。决策树在 sklearn 包的 tree 模块中,通过以下语句来引用:

图 4.49 scikit-learn 官网首页

```
from sklearn import tree
```

tree 模块主要包括 5 个类和用于输出的一些方法, 分别为: 基础决策树 (tree. BaseDecisionTree(...))、分类决策树 (tree. DecisionTreeClassifier(...))、回归决策树 (tree. DecisionTreeRegressor(...))、高随机版本分类树 (tree. ExtraTreeClassifier(...))、高随机版本回归树 (tree. ExtraTreeRegressor(...)) 和可视化工具输出方法 (tree. export_graphviz(decision_tree[...]))、文本输出方法 (tree. export_text(...)) 等。其中, 基础决策树类的代码中使用了抽象方法@abstractmethod, 基础决策树类无法实例化, 主要供分类决策树类和回归决策树类继承。其他 4 个决策树类通过名字就可以知道其主要应用场合。可视化工具输出方法用于生成能在可视化工具 Graphviz 上显示的 dot 格式的文件, 能更直观地显示决策树。文本输出方法以文本的方式输出决策树结构。

scikit-learn 的决策树基本使用过程为:

(1) 建立数据集;

(2) 实例化所使用的类:

```
clf=tree.DecisionTreeClassifier()
```

(3) 用训练的数据集进行训练:

```
clf.fit(a_train,a_train_label)
```

(4) 测试和预测:

```
result= clf.score(b_test,b_test_lable)
```

具体在使用决策树的时候需要注意其中一些参数。这里以 tree 模块中的分类决策树类为例, 详细看一下文件中参数的定义。在 Pycharm 开发环境中, 按住 Ctrl 键, 点击类或者方法等,会跳转到引用的原始位置,方便阅读和调试代码。打开其定义可以看到它继承了基础决策树类,在构造函数"__init__(...)"中可以获取父类的所有属性。由以下代码可以看到分类决策树的属性及对应的默认值。

```
class sklearn.tree.DecisionTreeClassifier(criterion='gini',splitter='best',max_
depth=None,min_samples_split=2,min_samples_leaf=1,min_weight_fraction_leaf=0.0,
max_features=None,random_state=None,max_leaf_nodes=None,min_impurity_decrease=
0.0,min_impurity_split=None,class_weight=None,presort=False)
```

参数中主要有控制树生成的参数、剪枝参数、权重参数,下面分别介绍:

(1)决策树生成控制参数。

①criterion:选择特征的方法,不填写则默认为"'gini'"(以基尼指数作为数据划分依据),还可以是"'entropy'"(以信息增益作为数据划分依据)。

②random_state:用来设置分支中随机模式的参数,默认为"None",特征比较多时表现明显,特征较少时表现不明显,此参数设置为不同的整数可能导致生成不同的决策树。

③splitter:用来控制决策树中随机选项的参数,默认为"'best'"(优先选择更重要的特征),还可以选择"'random'",分支时会更加随机。通过该参数,可以防止生成的决策树出现过拟合。决策树生成以后,还可以使用剪枝参数来防止过拟合。

(2)剪枝参数。

剪枝策略对决策树的影响很大,所以正确地选择剪枝策略是优化决策树算法的核心。sklearn中决策树的以下一些参数能对剪枝策略进行调整。要想知道究竟什么样的剪枝参数最好,需要对模型进行度量,也就是采用以下语句,使用数据来测试、打分:

```
score=clf.score(X,Y)   # X是测试数据集,Y是测试数据集标签
```

提前设置好剪枝参数,可以减少程序的计算量,但是要想提高模型的性能,还是利用数据本身,使用score来测试。

①max_depth:限制树的最大深度,超过设定深度的树枝全部剪掉,适用于维度高而样本较少的场合。决策树越深,对样本量的需求也越大。实际使用该参数时,可以根据拟合效果来调整。建议先用3对数据有个初步了解后再尝试加大该参数。

②min_samples_leaf:限制一个节点在分支后每个子节点都最少包含的样本数,否则就不往下继续分支。

这个参数一般配合"min_samples_split"使用,设置得太小容易引起过拟合,设置得太大又会阻止模型学习数据。对于该参数,一般建议可以设置为"5",但是对于类别不多的分类问题,通常设置为"1",而如果叶子节点的样本量变化很大,还可以输入小数作为样本量的百分比使用。对于回归问题,这个参数还可以避免低方差过拟合的叶子节点出现。

③min_samples_split:限制一个节点至少包含多少个训练样本后,才允许被分支。

④max_features:限制分支时考虑的特征个数,超过限制个数的特征都舍弃。在不知道各个特征的重要性的情况下,使用此参数可能导致模型学习不足。通常特征数不多时,比如

小于 50 个时,选择默认的"None"即可。

如果希望通过降维来防止过拟合,建议使用主成分分析算法、独立成分分析算法或者特征选择模块的专门降维算法,而不是简单地限制最大特征数。

⑤min_impurity_decrease:限制信息增益的大小,当信息增益小于设定值时,不会产生分支。

(3)权重参数。

①class_weight:默认为"None",表示赋予数据集中所有标签相同的权重。但有时数据是不平衡的,需要进行样本标签的平衡。比如,想根据某班在网络学习中的一些行为数据来判断具有某些行为的学生可能是男生还是女生,完全可以不用做任何分析就将其预测为男生。预测结果的准确率放在该班一定不会太差,因为该班男生比女生多很多。这样的数据集就有可能导致预测的行为和性别之间并没有太大的关联,或者说它会使得预测结果偏向男生。

我们可以用一个字典{class_label:weight}来设置这个参数,或者将这个参数设置为"'balanced'",来提高"'女生'"这个标签的权重。

②min_weight_fraction_leaf:有了权重,剪枝时需要配合这个参数,使结果减少偏向主导部分的数据。比如,min_samples_leaf 是不考虑权重的。

其他几种决策树类的参数和分类决策树的参数具有相似的功能和使用方法,除了基本参数以外,决策树还有其他一些重要的属性和常用方法。比如"feature_importances_"属性,它可以用来查看获得的模型的各种性质。常用的方法有 fit、score、predict 和 apply,在 sklearn 中每个算法基本都有这些方法,而且这些方法在功能和使用方式上都封装成了相同的形式。其中:fit 用于模型的训练;score 用于评估模型,对模型进行打分,输入测试数据及标签,返回平均正确率;predict 用于预测;apply 用于对样本数据到预测器上的转换,对于决策树可以对每一个样本输出一个预测向量,指出数据的每一个特征被分到了哪个叶子节点。

sklearn 中使用决策树非常简单,这里以鸢尾花数据集和决策树为例来说明(请参考实验部分4.6.1)。

```python
import matplotlib.pyplot as plt
from sklearn.datasets import load_iris
from sklearn import tree
iris=load_iris()   # 加载数据集
X,y=iris.data,iris.target # 将数据和标签分开
clf=tree.DecisionTreeClassifier() # 选择模型
clf=clf.fit(X,y) # 训练模型
tree.plot_tree(clf) # 可视化决策树
plt.show()
```

4.5.2　在 Python 中使用 SVM 的基本方法

Python 中常用的 SVM 包有由台湾大学林智仁老师开发的 LIBSVM 和 LIBLINEAR 以及 sklearn 中的 SVM 库等。其中,sklearn 中的 SVM 库的底层计算采用 LIBSVM 和

LIBLINEAR 来实现,模块 sklearn. svm. SVC 和 sklearn. svm. LinearSVC 分别对应着 LIBSVM 和 LIBLINEAR。所以在应用上,这些工具具有很多相似之处,当需要查找一些细节内容时,可以参考 LIBSVM 和 LIBLINEAR 文档。

LIBSVM 和 LIBLINEAR 是两个不同的包,需要分别进行下载和安装。LIBSVM 实现了整套的 SVM 模型,包括使用核函数来训练非线性分类 SVM,也包括训练线性分类 SVM。LIBLINEAR 只针对线性分类场景,支持线性 SVM 和逻辑回归(Logistic Regression)模型,无法通过定义核函数实现非线性分类器。但是 LIBLINEAR 针对线性分类进行了优化,在线性分类应用中,效率要比 LIBSVM 高许多。当样本数据量在 10 万规模以上时,如果 LIBSVM 处理的效果变差,就要考虑想办法用 LIBLINEAR 模型或者换其他机器学习算法了。

SVM 的应用过程一般如下:

(1)将数据转换为 SVM 包使用的格式,包括将分类属性转换为数值属性;

(2)对数据进行预处理,比如进行标准化或归一化处理;

(3)优先考虑使用 RBF 核函数;

(4)使用交叉验证找到最佳参数 C 和 γ;

(5)使用最佳参数 C 和 γ 重新训练整个训练数据集,再重新测试。

在 SVM 数据格式方面,对于 sklearn 来说,样本数据支持稠密和稀疏两种输入形式:稠密数据直接使用 numpy. ndarray 或用 numpy. asarray,以 numpy 的数组形式输入;稀疏数据格式则使用 scipy. sparse。稀疏数据是指数据元素中大部分都是 0 的数据。这样的数据在存储时,为了提高效率,会使用特殊的格式。scipy. sparse 模块专门用于处理稀疏数据存储问题。采用 CSV(comma - separated values)数据格式的数据,可以当作文本文件读入,通过 Python 切片操作获取其中需要的内容。

sklearn 中的 SVM 包括分类、回归和异常值检测几个部分。

4.5.3　聚类的应用

scikit-learn 中 Clustering 包实现了很多"聚类"的类。常用的 k 均值聚类算法的应用介绍如下。

k 均值聚类中簇的个数由"n_clusters"参数的整数值来设定,该参数默认为"8",设置好簇的个数后也会产生对应每个簇的质心点。"init"参数用来设定选择初始质心的方法,有两种取值:缺省时是"k-means＋＋",能用一种灵活的方式设定初始质心,可以加快聚类收敛的过程;选择"random",则随机从数据中选择 n_clusters 个作为初始质心。还可以通过传入矩阵或可调用对象来设定初始化的质心。

KMeans 类的属性有:cluster_centers_,它是簇中心坐标的矩阵;labels_,它是每个样本数据的标签;inertia_,它是样本数据到它们最近的簇中心的距离的平方和。

4.5.4　Python 中 HMM 的应用方法

非监督学习中的 HMM 在 Python 中可以通过 hmmlearn 库来实现。hmmlearn 曾经是 scikit-learn 的一部分,现在是独立的 Python 包,项目托管在 GitHub 上,官方文档地址为 https://hmmlearn. readthedocs. io/en/stable/,通过以下方式安装:

```
pip install hmmlearn
```

　　hmmlearn 实现了三种 HMM 模型类——GaussianHMM、GMMHMM、MultinomialHMM,按照观测状态是连续的状态还是离散的状态,可以分为两类。其中,GaussianHMM 和 GMMHMM 是连续观测状态的 HMM 模型类,而 MultinomialHMM 是离散观测状态的模型类。

　　对于离散观测状态的 MultinomialHMM 模型,"startprob_"参数表示隐藏状态的初始状态概率分布 π,"transmat_"参数表示状态转移概率矩阵 A,"emissionprob_"参数则对应观测状态概率矩阵 B。设定了 HMM 模型参数后,就可以通过 model. decode(观测矩阵,algorithm='viterbi')进行隐藏状态序列的预测。训练 MultinomialHMM 模型时,一些重要参数有:

　　n_components:隐藏状态的个数。

　　n_iter:可选参数,训练时的最大迭代次数;

　　tol:可选参数,为浮点数,表示 EM 算法对数似然函数增益的阈值;

　　verbose:可选参数,为 true 时,会向输出返回迭代次数和本次迭代后的概率值。

　　Init_params:可选的字符串,设定哪些 HMM 模型参数会在训练时进行初始化,"'s'"表示 startprob,即 π;"'t'"表示 transmat,即 A;"'e'"表示 emissionprob,即 B。""空字符串表示全部使用用户提供的参数进行训练。

　　对于连续观测状态的 HMM 模型,GaussianHMM 模型类假设观测状态符合高斯分布,而 GMMHMM 模型类则假设观测状态符合混合高斯分布。通常使用 GaussianHMM 模型类即可。

　　在 GaussianHMM 模型类中,"startprob_"和"transmat_"和前面介绍的一致,分别表示 π 和 A,比较特殊的是观测状态概率的表示方法,由于是连续值,无法像 MultinomialHMM 模型类一样直接给出矩阵 B,而是给出与各个隐藏状态对应的观测状态高斯分布的概率密度函数的参数。如果观测数据序列是一维的,则观测状态的概率密度函数符合一维的普通高斯分布。如果观测数据序列是 N 维的,则与隐藏状态对应的观测状态的概率密度函数符合 N 维高斯分布。高斯分布的概率密度函数参数可以用 μ 表示期望向量,用 Σ 表示高斯分布的协方差矩阵。对应在 GaussianHMM 模型类中,"means"用来表示各个隐藏状态的高斯分布期望向量 μ 形成的矩阵,而"covars"用来表示与各个隐藏状态对应的高斯分布协方差矩阵 Σ 形成的三维张量。

　　例 4.12 天气和小红心情的例子,使用 hmmlearn 求解的代码如下。

```
import numpy as np
from hmmlearn import hmm

states=['Sunny','Rainy']
```

```
n_states=len(states)

observations=['Happy','Unhappy']
n_observations=len(observations)

start_probability=[0.7,0.3]
transition_probability=[[0.8,0.2],[0.5,0.5]]
emission_probability=[[0.8,0.2],[0.4,0.6]]

model=hmm.MultinomialHMM(n_components=n_states)
model.startprob_=start_probability
model.transmat_=transition_probability
model.emissionprob_=emission_probability

seen=[0,0,1]  # 0:Happy,1:Unhappy
observed=np.array([seen]).T

logprob,weather=model.decode(observed,algorithm='viterbi')  # 观察序列情况下,最有可
能出现的隐藏状态的概率,即 HMM 的解码问题

print('听到的心情为:',','.join(map(lambda x:observations[x],seen)))
print('猜测的天气是:',','.join(map(lambda x:states[x],box)))

print(logprob)
print('模型参数下,最有可能出现的隐藏状态的概率为:',np.exp(logprob))
```

完整代码请参考\C4\s4_5_4_HMM\hmm_01.py。

假设例 4.12 只是观测到小红的心情为"开心、开心、不开心、不开心、不开心、开心",训练 HMM 模型参数的代码请参考\C4\s4_5_4_HMM\hmm_02.py。

4.5.5 使用 TensorFlow 开发和训练机器学习模型

TensorFlow 是谷歌公司开发的机器学习核心算法开源库,官网本身也是一个端到端开源机器学习平台,能直接在浏览器上运行代码。在 Python 环境中安装了 TensorFlow 库后,通过 import tensorflow as tf 引用 TensorFlow。在安装和运行 TensorFlow 程序时,如果出错,注意查阅提示信息,有可能是需要其他库的支持,也有可能是缺少 C++运行环境,逐一解决即可。

TensorFlow 字面上的意思是张量的流动,反映出 TensorFlow 编程框架的特点。Tensor 对象称为张量,可以看作是一个多维的矩阵,用来引用运算结果,通常以数组的形式存储。每个张量包含维度和数据类型两个属性,同 NumPy 中 ndarray 矩阵不同的是,张量可以被 GPU 之类的加速器内存备份,并且张量是不可变的。张量可以通过". numpy()"方法转换为 NumPy 矩阵。

使用 TensorFlow 通常包括两个部分。首先,建立一个计算图,通过张量来表示计算图中各节点计算结果的传递关系。计算图的建立主要使用 tf. keras,它是 TensorFlow 用来构建和训练模型的高级 API。

对于 4.3.3 节介绍的全连接型前馈型人工神经网络的创建,使用 tf. keras. Sequential 模型,它将神经网络的各个层(layer)组织到一起,建立模型。全连接型前馈型人工神经网络层为 tf. keras. layer. Dense(),第一层可以接受"input_shape"参数,具有"input_shape"参数的层相当于在当前层插入一个 tf. keras. layer. Input()层,所以只对第一层设置"input_shape"参数,之后的 dense 层不再需要设置该参数,系统会自动推算输入的大小。

dense 层的主要参数有:

units:神经元的个数,也相当于层的输出空间的大小。

activation:缺省时为"None",即不加激活函数,也就是线性。

use_bias:是否使用偏置,缺省时为"true"。

bias_initializer:偏置的初始值,缺省时为"'zeros'"。

层的添加有两种方式,一种是使用 model. add()方法,另一种是直接以层的列表形式作为 Sequential 的参数添加。对于图 4.50 所示的神经网络,可用以下代码实现:

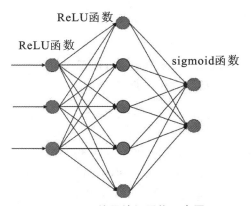

图 4.50　简易神经网络示意图

```
model=tf.keras.Sequential()
model.add(tf.keras.layers.Dense(3,activation='relu',input_shape=(3,)))
model.add(tf.keras.layers.Dense(5,activation='relu'))
    model.add(tf.keras.layers.Dense(2,activation='sigmoid'))
```

计算图建立好以后,在训练之前还需要通过编译对模型设置优化器、损失函数、训练监控指标、输出显示的标签等参数,如下述语句所示:

```
model.compile(optimizer='adam',
            loss=tf.keras.losses.SparseCategoricalCrossentropy(from_logits=
True),
            metrics=['accuracy'])
```

其中:"optimizer"参数用于设置优化器,还可以设置为"'sgd'",表示使用具有动量参数的梯度下降法;"loss"参数用于设置损失函数,还可以设置为"'mean_squared_error'",表示用均方误差损失函数作为损失函数;"metrics"参数用于返回模型各种性能参数输出标签,比如可以设置为:

```
metrics=['accuracy',['accuracy','mse']]
```

接下来就是训练模型,主要是将训练数据馈送给模型,对数据和标签建立关联。训练完成后,还需要对模型用测试数据进行预测,验证模型的性能。

训练使用 model. fit()方法,通过"epochs"参数设置训练迭代次数。模型的评估使用 evaluate()方法实现,对新数据进行预测使用 predict()方法。

TensorFlow 2.5 版以后,对于 1. x 和 2. x 版采用了 tf. compat. v1 和 tf. compat. v2 的方式进行兼容,本书所使用的 TensorFlow 是基于 2.5.0-RC1 的 CPU 版。

◀ 4.6 实验与设计 ▶

4.6.1 在 Python 中通过 sklearn 使用决策树

1. 实验目的

学习和掌握基于 sklearn 应用决策树的方法,理解决策树模型构建算法中的一些基本参数的作用,体会模型的复杂度和泛化性能之间的关系。

2. 实验内容

(1)加载并查看数据集。

使用 pandas 查看数据集,可以通过 pandas. set_option('参数名',参数值)进行相关显示设置。参数完整形式为"display. 参数名","display"可以省略。常用的参数有:width,用来设置显示区域的总宽度,总宽度用字符数计算;max_rows、max_colums,用来设置显示的最大行和列数,"None"表示显示所有;max_colwidth,用来设置单列数据显示的字符数,超过时用省略号表示;expand_frame_repr,用来设置输出数据超过宽度时是否折叠,"False"表示不折叠。

pandas 用于分析数据,常用的方法有按照某个属性将数据进行分组,便于对比和单独研究,这可以通过 groupby()和 get_group()来实现。对于 dataframe 行和列的引用,可以用 iloc 选择行或者以 loc['行',[列1,列2,…]]的方式返回指定的行和列的内容。

参考代码见\C4\ex4_1_DecisionTree\DecisionTree_01. py,请参考分析各种数据集,比如 sklearn 自带的鸢尾花数据集、胸部癌症数据集等。

(2)训练决策树模型并可视化决策树。

参考代码见\C4\ex4_1_DecisionTree\DecisionTree_02. py。

(3)将数据分为训练数据集和测试数据集,分析决策树的预测性能。通过调整不同的参数和应用剪枝过程,分析对决策树性能的影响。

3. 实验扩展

(1)使用随机森林(random forest)来分析数据。随机森林相当于多个决策树,在

sklearn 中通过 RandomForestClassifier 或 RandomForestRegressor 来实现,其中的主要参数有:

①n_estimators:随机森林中决策树的个数,默认为 100。

②criterion:随机森林中决策树的算法,可选两种,默认为"'gini'",即 CART 算法,也可以选"'entropy'",即 ID3 算法。

③max_depth:决策树的最大深度。

(2)使用 sklearn 中的 GridSearchCV 类,进行模型参数调优。

4.6.2　使用聚类算法实现图像压缩

1. 实验目的

学习和掌握聚类算法的基本应用,研究聚类算法在图像压缩和编码中的应用,理解各种聚类算法参数的作用。

2. 实验内容

(1)使用 k 均值聚类算法对彩色图像的颜色进行聚类,尽可能用较少的颜色数保持图像原有的特征,从而表示原始图像,实现图像的压缩。

(2)调整聚类簇的个数,观察对压缩后图像质量的影响。

(3)改用其他的聚类算法,分析它们完成相同任务时使用的方法。

实验参考代码说明:

KMeans_01.py 文件通过使用 scikit-learn 的 cluster 库中 KMeans 类实现对图像的颜色进行聚类。图像在读入内存后进行处理时主要存在着维度上的一些变换,NumPy 中的 reshape 函数可以重新组合矩阵元素,某个维度参数为 −1 表示该维度由计算机自行计算获得。聚类的训练过程使用 fit 方法实现,完成聚类以后,通过以下语句来实现颜色数据的压缩。

```
img_new=k_colors.cluster_centers_[k_colors.labels_]   # 用每个样本所属的簇中心来替换该样本数据。
```

4.6.3　全连接型前馈型人工神经网络手写数字识别的实现

1. 实验目的

学习和理解人工神经网络的基本结构和原理,掌握使用 TensorFlow 建立人工神经网络的基本方法,重点理解激活函数、损失函数、优化器等概念以及人工神经网络的基本调参方法。

2. 实验内容

(1)TensorFlow 库的安装。

(2)学习和熟悉 MINST 手写数字数据集的基本内容。

MNIST 手写数字数据集来自美国国家标准与技术研究院(NIST,National Institute of Standards and Technology),训练数据集(training set)包含 60 000 个样本,由 250 个不同的人手写的数字构成,其中 50% 来自高中学生,50% 来自人口普查局(the Census Bureau)

的工作人员;测试数据集(test set)包含 10 000 个样本,也是同样比例的手写数字数据。

(3)调整参数和人工神经网络的结构,比较不同参数和不同结构下模型的性能。

(4)将数据集更换为 Fashion MNIST(同 MNIST 相似的 10 个类别单件衣物灰度图像数据)进行实验。

实验参考代码见\C4\ex4_3_NN\MINST_ANN01.py,包含图像数据查看、模型训练、模型性能分析等基本内容。其中,tf. keras. layers. Dropout(0.2)为 Dropout 层,参数 0.2 表示每次训练时随机将 20% 的输入设置为"0",这样可以降低出现过拟合的风险。

3.实验扩展

(1)查看特征图和识别错误的图片的内容,建立混淆矩阵。

(2)手写数字用手机或其他设备拍照后传入电脑(或借助画图程序用鼠标绘制数字存为图像),对图像进行处理,并用训练后的模型进行识别。

◀ 思考与练习 ▶

1. 假设有表 4.6 所示的数据,请计算以学生干部特征划分后的信息增益、信息增益比和基尼指数。

表 4.6 就业情况统计表

学号	性别	学生干部	综合成绩	毕业论文	就业情况
1	男	是	70~79	优	是
2	女	是	80~89	中	是
3	男	否	60~69	不及格	否
4	男	是	60~69	良	是
5	男	是	70~79	中	是
6	男	否	70~79	良	否
7	女	是	60~69	良	是
8	男	是	60~69	良	是
9	女	是	70~79	中	否
10	男	否	60~69	及格	是
11	男	否	80~89	及格	是
12	男	是	70~79	良	是
13	男	否	70~79	及格	否
14	男	否	60~69	及格	是

续表

学号	性别	学生干部	综合成绩	毕业论文	就业情况
15	男	是	70～79	良	是
16	男	否	70～79	良	否
17	男	否	80～89	良	否
18	女	是	70～79	良	是
19	男	否	70～79	不及格	否
20	男	否	70～79	良	否
21	女	是	60～69	优	是
22	男	是	60～69	良	是

2. 请结合应用说明对查全率和查准率在不同的应用系统中会有不同的要求。

3. 设有一组数据为 $(3,3)$、$(5,2)$、$(2,2)$、$(8,5)$，请计算 $(3,3)$ 和 $(5,2)$ 之间的马氏距离。

4. 如何确定 k 均值聚类算法中的 k 值的大小？

5. 假设有 3 个盒子，里面装有红色和白色的球。盒子与球的隐马尔可夫模型为 $\lambda = (A, B, \pi)$，状态集合 $X = \{1, 2, 3\}$，观测集合 $Y = \{红, 白\}$。

$$A = \begin{bmatrix} 0.5 & 0.2 & 0.3 \\ 0.3 & 0.5 & 0.2 \\ 0.2 & 0.3 & 0.5 \end{bmatrix}, \quad B = \begin{bmatrix} 0.5 & 0.5 \\ 0.4 & 0.6 \\ 0.7 & 0.3 \end{bmatrix}, \quad \pi = \begin{bmatrix} 0.2 \\ 0.4 \\ 0.4 \end{bmatrix}$$

设 $T = 3$，当观测状态 $Y = ($红球、白球、红球$)$ 时，试用前向算法计算产生该观测状态的概率。

6. 假设某随机变量服从伯努利分布 $B(p)$（也称为 0-1 分布），观测到其 n 个样本，其中取值为 1 的有 a 个，取值为 0 的有 $n - a$ 个，试用最大似然估计算法计算：当 $n = 10$，$a = 3$ 时，该随机变量取 1 的概率 p。

第 5 章

群智能算法

从 20 世纪 60 年代开始,受到自然界生物进化过程和生物群体行为规律,包括觅食、围猎、求偶等行为的启发,人们发明了很多智能优化算法,如遗传算法、进化算法、蚁群优化算法、鸟群优化算法等,运用这些智能优化算法来解决复杂的优化问题。这些算法主要分为遗传进化类和群体行为类两大类。这些算法都通过模拟或者揭示自然界中的某些现象和过程或生物群体的智能行为而得到发展,其研究所涵盖的个体数量较多,因此称为群智能(SI, swarm intelligence)算法。由于在很多情况下研究的是不具备智能或具备简单智能的个体之间的关系,所以数据处理过程对 CPU 和内存的要求往往也不高。

通常,群智能算法具有简单、通用、便于并行处理等特点,并且已经被证明能够有效解决许多全局优化问题,近年来得到广泛的关注和研究。

◀ **5.1 概 述** ▶

神奇的自然界促使我们产生大量的灵感,许多的人工智能算法都是受大自然的启发而产生的,前面介绍的人工神经网络、强化学习等就是基于对大脑功能的模拟而产生的。除此之外,还有一些算法在解决传统问题方面表现出较大的优势,它们也是受到自然界的启发,基于自然规则而发展出的计算模型,目前主要分为遗传进化类和群体行为类两种。

自然界的生物体在遗传(inheritance)、选择(selection)、交叉(crossover)和变异(mutation)等的作用下,优胜劣汰,不断地由低级向高级进化和发展,人们将这种"适者生存"的进化规律的实质加以模式化而构成一种优化算法,即进化计算(evolutionary computation)。进化计算是一系列的搜索技术,包括遗传算法、进化规划、进化策略等,它们在函数优化、模式识别、机器学习、神经网络训练、智能控制等众多领域都有着广泛的应用。其中,遗传算法(GAs, genetic algorithms)是进化计算中具有普遍影响的模拟进化优化算法,根据这种进化思想进一步发展出了差分进化(DE, differential evolution)算法,而人工免疫系统(AIS, artificial immune system)是模仿生物免疫机制,结合基因的进化机理,人工构造出的一种新型智能搜索算法,相当于是进化算法的变种。

另一类基于生物群体行为规律的计算技术,相对来说,是一种新的问题解决方法,主要是受到具有社会行为的昆虫(比如蚂蚁、蜜蜂等)和其他一些动物(比如鱼群、鸟群等)的启发而产生的,这些动物单个的个体,通常并不具备复杂的智能,但是通过合作表现出了具有智能行为的特性,为在没有集中控制并且不提供全局模型的前提下,寻找复杂的分布式问题解决方案提供了一种新的思路。比如说蚂蚁和鸟群,就启发产生了许多方法和技术,其中蚁群优化(ACO, ant colony optimization)算法和粒子群优化(PSO, particle swarm optimization)算法就被成功地应用于许多领域。

这类算法还被称为元启发式(metaheuristic)方法。元启发式方法也称为现代启发式算法,它被认为具有一种高级策略,采用一种近似优化的技术,采用概率决策过程进行智能形式的随机搜索。它的一种定义为:"它是一个迭代产生过程,通过智能地组合不同的概念来引导从属启发信息探索搜索空间,为了找到有效的、近似最优的解,利用学习策略来组织搜索信息"(Osman 和 LaPorte,1996)。

◀ 5.2　遗　传　算　法 ▶

遗传算法最早源于 John H. Holland 和他的团队研究的元胞自动机(CA,cellular automata),Holland 于 1975 年出版的专著 *Adaptation in Natural and Artificial Systems* 被认为是遗传算法研究的开始。到 20 世纪 90 年代,遗传算法在解决组合优化问题方面的优势才被凸显起来,它的基本思想就是借鉴生物进化的自然选择过程,首先获得一组候选的解,这些解在选择的压力下发生进化,来适应适者生存的法则,所以遗传算法可以看作是通过运用一系列遗传机制,作用于一组解而不是单个解的属性来产生一个可接受的最优解的局部搜索方法。

遗传算法首先要将问题的解通过编码的方式转化为一组有限数量的染色体(chromosome)种群。染色体也就是在一些位置(基因座(locus))具有不同值(等位基因(allele))的固定结构,比如二进制字符串。基因座就是染色体结构中的一些固定位置,它们对应着问题解的一些关键变量,比如二进制串里每一位都可以看作是一个基因座,能存放 0 或 1。等位基因就是在基因座上可以取到的值,比如二进制串里的 0 或 1。群体中的每个染色体都要使用一些适应度函数进行评估,群体的成员有选择性地进行配对来产生后代,适应度越高的群体成员越有可能产生后代。遗传因子在繁殖过程中用来促进后代继承它们父母的属性。后代也会被评估并放入种群,并有可能取代上一代中一些较弱的成员。于是,遗传算法的搜索机制主要由三个阶段组成:评估每个染色体的适应度;选择父辈染色体;对父辈染色体进行重组(交叉)和突变运算。通过这些运算获得的新染色体形成了下一代的群体。这个过程会一直重复,直到系统停止提升。适者生存法则用来保证算法从上一代到下一代的过程中,解的总体质量不断提高。

由此,得到遗传算法的基本流程如图 5.1 所示。

5.2.1　编码

要使用遗传算法,首先要解决的就是如何对具体问题进行编码。编码是设计遗传算法时的一个关键,直接影响到后继的运算过程和算法效率。编码在很多情况下与问题相关,不同的问题适合采用不同的方法。比较常见的编码方法有二进制编码(binary encoding)法、值编码(value encoding)法、排列编码(permutation encoding)法、树编码(tree encoding)法等。

(1)二进制编码法。

二进制编码法是最早在遗传算法中被采用的方法,也最常用。它将每个染色体用一串由 0 和 1 组成的二进制串来表示。这种编码方法和生物染色体的组成类似,每个位可以表示两种不同的状态——0 和 1,这就相当于染色体两种不同的碱基。足够长的二进制串就能

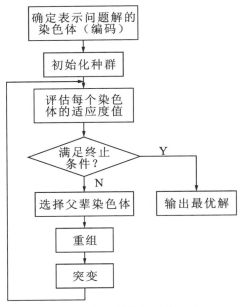

图 5.1　遗传算法的基本流程

表示出足够多的染色体了。

比如在求解背包问题(例 3.10)时,假设有 n 个不同的物品,并且已知其中物品 j 的质量为 w_j,价值为 v_j,背包最大装载质量为 C,求如何装才能使得装入背包内的物品价值最大。这时,采用二进制编码法就很方便。用长度为物品的个数 n 的二进制序列来表示可能的解。序列中的每一位对应着其中一个物品,某一位为 1,表示对应的物品被选中放入背包,为 0 则表示该物品未被选中。

二进制编码法的优点是编、解码操作比较简单,遗传算法中的一些运算,比如重组和突变等很容易实现,主要缺点是在求解高维优化问题时,二进制编码长度非常长,会降低算法的搜索效率,在执行遗传操作后有时还需要对结果进行校正,还有许多问题不太适合直接用这种方法编码。

(2)值编码法。

在有些情况下,比如某些函数的值可能是连续的,如果用二进制编码法位数少了可能精度不够,而精度高时位数就多,搜索空间变大,导致搜索效率降低。这时,可以考虑直接用值进行编码,每个染色体就是一组值,值可以是和问题相关的任何内容,可以是实数、字符或者一些复杂的对象。

比如,为了找到神经网络的最佳权重值,可以将实数值直接编码成染色体 A,每个实数值就对应着神经元的输入权重。再比如染色体 B、染色体 C,就适合其他某些问题的场景。

染色体 A:[1.2345,3.3278,0.3456,1.1122,0.7788]。

染色体 B:[AFBEDCAEBGDCBAAFG]

染色体 C:[(Left),(Back),(Left),(Forward),(Forward)]。

值编码法非常适合用于一些特殊问题的求解,它很直观,方便引入和问题相关的专门知识来提升算法的搜索能力,这时常常需要针对问题开发一些新的重组和突变运算方法。

（3）排列编码法。

对于一些排序问题，采用排列编码法比较合适，比如旅行商问题或任务分发次序问题等，每个染色体是一串数字的排列，代表着一个解的次序，比如：

染色体 1:1 5 2 4 6 8 7 9 3。

染色体 2:2 5 8 6 7 3 1 4 9。

排列编码法只对排序类问题有效，用于求解这类问题时，有时也需要在重组和突变后进行修正，以保持染色体的一致性，也就是使重组和突变后的染色体也是可能会出现的序列次序。

（4）树编码法。

树编码法主要用于进化编程或表达式领域，比如用于能够构造算法的遗传编程等。每个染色体就是由一些目标组成的一棵树，比如与编程语言的表达式或命令对应的染色体编码可以分别用如图 5.2(a)、(b)所示的树来表示。

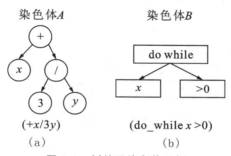

图 5.2　树编码染色体示例

再比如从给定的值中找函数类的问题，给定了一些输入和输出，希望找到在这些输入下能给出最接近输出的一个函数，就可以将染色体编码成能代表函数的树。

对树结构进行重组和突变相对来说比较容易。

5.2.2　重组和突变

基因重组（recombination），又称为基因交叉（crossover），就是把两个父辈染色体的部分结构加以替换，生成新的个体的操作。通过这种方式，父辈的特征能遗传给子代，子代应该能够部分或者全部地继承父辈的结构特征和优良基因，更适应环境。

重组操作还可以分为无性重组、有性重组、多亲重组三种。无性重组是指子代由一个父辈染色体产生，有性重组是指子代由两个父辈产生，多亲重组指子代由两个以上父辈产生。

突变（mutation），也称变异，是指产生新的染色体，表现出新的性状。在生物界中，在基因复制过程中出现突变的概率一般是很小的，也可能会产生一些不利的因素，但也有可能会改进已有的特征或产生新的特征。在遗传算法中，变异就是将染色体编码中的一部分按照一个较小的概率进行随机变化，其目的是维持群体的多样性，为选择和重组过程中可能丢失的遗传基因进行修复和补充。变异概率 P_m 一般都不大，常取 0.005 左右。

重组和突变是遗传算法中的两个基本操作，它们对遗传算法性能的影响很大。重组和突变算子的类型和实现方式与编码相关，同时也与所求解的问题有关。不同的编码方式对应着不同的重组和突变方法。

二进制编码和值编码的重组方式相似,它们常用的重组方式有:

(1)单点重组(single point crossover)。

单点重组是指在染色体编码串中随机设置一个重组点,编码串中从开始到重组点来自一个父辈,剩下的来自另一个父辈,如图5.3所示。

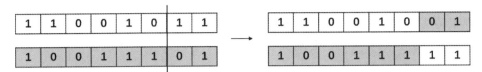

图5.3　单点重组

(2)两点/多点重组(two/multiple points crossover)。

两点/多点重组和单点重组类似,所不同的是它选择两个或多个重组点,以间隔交换的方式分别从两个父辈复制部分基因。图5.4所示为二进制编码染色体使用三点重组的示例。

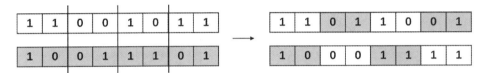

图5.4　三点重组

(3)均匀重组(uniform crossover)。

均匀重组是指两个父辈个体的每个基因座上的基因都以相同的概率进行交换,从而形成两个新子代。

(4)运算重组(arithmetic crossover)。

运算重组是指两个父辈间的基因通过执行一些运算来产生子代。如图5.5所示,两个二进制编码的染色体执行与运算重组。

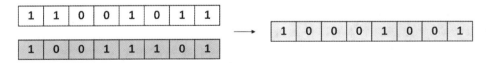

图5.5　与运算重组

两个实数值之间的运算,常按式(5.1)进行:

$$V_{son} = V_{father1} + \alpha \times (V_{father2} - V_{father1})$$ (5.1)

其中,α 是比例因子,由在 $[-d, 1+d]$ 区间均匀分布的随机数产生,一般取 $d=0.25$。通常将适应度值更好的设为 father2,α 越大代表着子代越像 father2,α 越小代表着子代越偏向 father1。

对于二进制编码的突变操作,通常是在完成重组后,随机选一个位点进行取反。对于值编码,如果是实数值编码,则重组后,通常随机选一些值加或减一个很小的数字。

如果染色体用的是排列编码法,常采用单点重组,并且在选择了重组点后,从开始到重组点这一段的值从一个父辈复制到字节中,剩下的值则扫描另一个父辈,按照其在另一个父辈的顺序加到子节点中。

例 5.1　已知排列编码的两个染色体 A 和 B 分别为 $(1,2,3,4,5,6,7,8,9)$、$(4\ 5\ 3\ 6\ 8\ 9\ 7\ 2\ 1)$，如果在第 6 个基因座发生重组，请写出子代染色体的编码。

解　重组点在第 6 个基因座，如果从染色体 A 选 5 个，则子代染色体编码为 $(1,2,3,4,5,6,8,9,7)$；如果先从染色体 B 选 5 个，则子代染色体编码为 $(4,5,3,6,8,1,2,7,9)$。

排列编码中发生突变，是指顺序发生变化，通常是随机选两个数交换位置。在例 5.1 中，如果重组后的子代 $(1,2,3,4,5,6,8,9,7)$ 发生突变，随机选两个数交换位置，比如 2 和 9 交换位置，则突变后的染色体编码为 $(1,9,3,4,5,6,8,2,7)$。

对于树编码的染色体，在重组点处将父辈染色体分成两段，通过交换重组点下方部分来创建子代，如图 5.6 所示。树编码的染色体发生基因突变，通常指树节点的内容发生了改变。

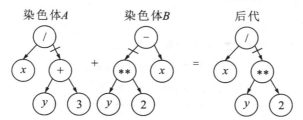

图 5.6　树编码染色体重组

5.2.3　选择

遗传算法中还有一个很重要的环节，就是选择，也称为复制（reproduction），即从种群中选出作为父代进行交叉重组的染色体。那么，该如何选择呢？根据达尔文的进化论，优胜劣汰，最好的才能适应环境存活下来并繁衍后代。如果用适应度来表示个体对环境的适应能力，那么适应度越强的越容易生存下来。

在遗传算法中，也有类似的适应度函数，也叫评估函数，用来判断群体中的个体的优劣程度。通常，可以直接根据所求问题的目标函数进行评估，而且一般也不需要其他外部信息。比如，对于背包问题，就可以直接用对被挑选物品的价值求和作为适应度函数。再比如，在一些求函数最大值的问题中，就可以将该函数直接作为适应度函数。但有些时候，目标函数并不一定适合直接作为适应度函数，这时需要对目标函数进行转换。

对于适应度函数的设计，一般要求计算应该足够快，因为会被反复使用。另外，适应度函数必须可以定量测量，能够转换目标函数值为相对的适应度值；有时还需要对目标函数进行变换，也称为标定，放大种群中优劣个体之间的差别，增强选优功能。为了将来方便用累加概率等方式进行选择，通常还需要把适应度函数设计成为单值、非负的形式。如果目标函数有约束，则对适应度函数还需要添加惩罚项。

对于一些求最大值的问题，如果目标函数为 $f(x)$，则适应度函数 $F(x)$ 一般可以取为下述三种中的一种：

$$F(x) = f(x) \tag{5.2}$$

$$F(x) = \begin{cases} f(x) - C_{\min}, & f(x) > C_{\min} \\ 0, & 其他 \end{cases} \tag{5.3}$$

其中，$C_{\min}$ 为 $f(x)$ 的最小估计。

$$F(x) = \frac{1}{1+c-f(x)}, \quad c \geqslant 0, \quad c-f(x) \geqslant 0 \tag{5.4}$$

其中，c 为目标函数界限的保守估计。

相应地，如果是求最小值的问题，则适应度函数 $F(x)$ 可以取为下述三种中的一种：

$$F(x) = -f(x) \tag{5.5}$$

$$F(x) = \begin{cases} C_{\max} - f(x), & f(x) < C_{\max} \\ 0, & \text{其他} \end{cases} \tag{5.6}$$

其中，$C_{\max}$ 为 $f(x)$ 的最大估计。

$$F(x) = \frac{1}{1+c+f(x)}, \quad c \geqslant 0, \quad c+f(x) \geqslant 0 \tag{5.7}$$

其中，c 为目标函数界限的保守估计。

一旦能计算出种群里每个个体的适应度值，就可以进行选择了。然而，选择并不是只挑适应度值高的个体作为双亲，否则就成了确定性优化方法，使种群很快收敛到局部最优解；如果只是随机选择，又体现不出择优选择的优势，导致算法长时间不能收敛，甚至无法收敛。因此，需要找到一个策略，既能使算法较快收敛，又能维持种群的多样性。

按照适者生存的基本原则，我们需要让适应度值高的个体被选中的机会更大，根据适应度值来确定个体被选中的概率。

选择的策略很多，比如轮盘赌选择（roulette wheel selection）、玻尔兹曼选择（Boltzmann selection）、排序选择（rank selection）、联赛选择（tournament selection）、稳态选择（steady state selection）等。下面将介绍一些常用的选择方法。

（1）轮盘赌选择。

就和转轮盘抽奖的游戏一样，将所有的染色体都放在轮盘上，依据其适应度值来决定其在轮盘上占据的范围，如图 5.7 所示，然后转动转盘来选择用于重组的染色体。这样，适应度值大的染色体被选中的次数就会多了。

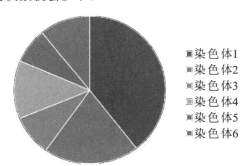

图 5.7　轮盘赌选择示例

可以用以下算法来模拟轮盘赌选择的过程：

① 计算种群中所有染色体适应度值的和 S；

② 产生一个介于 0 与 S 之间的随机数 r；

③ 从第一个染色体的适应度值开始，逐个累加，当累加的和大于 r 时，停下，返回当前的染色体作为选中的对象。

这个过程就类似模拟转动指针随机选择的过程,圆盘上占面积越大的,被选中的概率也就越大,Python 参考代码实现如下:

```python
def roulette(chromosomes,fit_value):
    # 计算适应度值的总和
    sum=0
    for i in range(len(fit_value)):
        sum=sum+fit_value[i]
    # 获取随机值
    r=random.randint(0,int(sum))   # 如果 fit_value 不是整数,向下取整
    # r=random.uniform(0,fit_value)    # uniform 方法可以产生浮点随机数
    selected_chromosome=-1
    # 累加概率
    accumulator=0   # 设置累加器
    for i in range(len(chromosomes)):
        if chromosomes[i]:
            accumulator+=fit_value[i]
            if accumulator>=r:
                selected_chromosome=chromosomes[i]
                break
    return selected_chromosome
```

函数的输入为染色体和对应适应度值的列表,输出为按适应度值大小选中的染色体。函数使用了 Python 的内建库 random,其中 random. randint(a,b)用于产生 a 到 b 之间的随机整数,random. uniform(a,b)用于产生 a 到 b 之间的随机浮点数。

如果使用 NumPy 包来实现,可以使用 np. random. choice(),比如:

```python
import numpy as np
chromosomes=["A","B","C","D","E"]
fit_value_p=[0.1,0.2,0.0,0.1,0.6]
selected_chromosome=np.random.choice(chromosomes,p=fit_value_p)
```

其中,fit_value_p 用来指定 chromosomes 中元素的概率,其和应该为 1,且与 chromosomes 的大小相同。

(2)排序选择。

轮盘赌选择策略存在一个问题,就是当适应度值的差别非常大时,比如某个染色体的适应度值占据了轮盘 90% 以上的面积时,那么其他的染色体将很难有机会被选中。排列序选择通过重新映射适应度值到排序号来解决这个问题,它首先对种群按照适应度值进行排序,然后对每个染色体以排列序号重新分配适应度值,最差的适应度值为 1,倒数第二差的为 2,依此类推,最好的适应度值将设为 N,N 为种群染色体的数量。图 5.8 演示了这种转换关系。

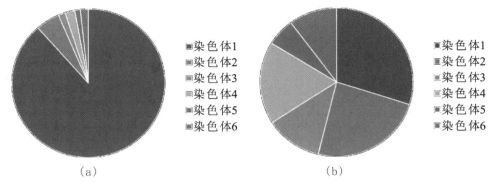

（a） （b）

图 5.8 排序选择效果演示

通过排序选择进行转换以后，所有染色体就都有机会被选中了，不过这种选择策略会导致收敛变慢。这是因为它大大减少了最佳染色体和其他染色体之间的差异。

（3）稳态选择法。

稳态选择并不算一个特定的选择父代染色体的策略。它的主要思想是染色体的大部分应该存活到下一代，所以每一代中选择一小部分适应度值高的来产生后代，然后用新产生的后代来替换一些适应度值差的染色体。替换的策略一般可以采取以下几种：

① 子代的适应度值优于最差的父个体，则子代替换父个体；

② 用玻尔兹曼选择来确定是否替换；

③ 替换整个种群中最差的个体。

（4）精英选择。

在重组和突变的过程中，有着很大的可能性会丢失最好的染色体，精英选择策略就起到了保护这些最佳个体的作用。它首先会将一些最好的染色体先复制到新种群，对于剩下的个体再采用传统的方法进行选择。因为防止了丢失发现的最好解，所以精英选择策略通常可以很快地增强遗传算法的性能。

通常，选择种群数量的 2%～5% 适应度值最佳的个体，效果最为理想。

5.2.4 遗传算法中的参数设定

遗传算法并没有针对任何问题都适用的参数设定方法，通常需要针对特定问题通过实验来确定参数。这里给出遗传算法研究中的一些常用参数的推荐设定。需要提请注意的是，这里的多数设定都是针对二进制编码的遗传算法而言的。

（1）重组率。

重组率通常应该设定得比较大，为 80%～95%。也有一些结果显示，对于有些问题的重组率，设置为 60% 最好。

（2）突变率。

突变率一般设定得非常小，常设定为 0.1%～1%。

（3）种群大小。

值得注意的是，非常大的种群数量通常并不会提升遗传算法找到最优解的速度，一般设定种群数量为 20～30。有些文献中推荐 50～100。还有些研究显示，最佳种群大小取决于编码方式以及编码字符串的长度。比如使用 32 位编码染色体，那么种群大小也设定为 32；

如果使用 16 位编码染色体,则种群大小设定为 16 更好。

(4)选择。

基本的轮盘赌选择经常被采用,有时排序选择的效果会更好,也有时有些复杂的策略会像模拟退火算法那样,在遗传算法运行期间动态修改选择参数。在进行选择时,结合精英选择策略一般能取得更好的效果。

(5)编码。

编码方法的选择一般取决于问题以及问题实例的规模。

(6)重组和突变类型。

重组和突变运算方法的选择通常取决于编码方式和问题本身。

5.2.5　遗传算法的应用

遗传算法在复杂问题求解、机器学习以及一些进化问题中经常会用到,应用领域非常广泛,比如非线性动态系统中的预测和数据分析、设计神经网络的结构和权重、基因编程、机器人路线规划、策略制定、寻找蛋白质分子的形状、进化作图和谱曲等。

遗传算法因为使用多个个体用于状态空间的搜索,所以有一个很大的好处——并行性,不容易陷入局部极值。另外,它也比较容易实现,如果已经有了遗传算法,只需要写几个用于解决问题的新的染色体;如果使用相同的编码方式,只需要修改适应度函数。遗传算法应用的难点主要在于选择编码方式和适应度函数上。

下面通过一些例子来说明遗传算法的具体用法。

例 5.2　已知二元函数表达式如下:

$$f(x,y) = 0.5 - \frac{\sin^2 \sqrt{x^2 + y^2} - 0.5}{1 + 0.001 (x^2 + y^2)^2}$$

x,y 的取值区间都为 $[-10,10]$,用遗传算法求函数的最大值。

解　(1)编码。

先考虑用二进制编码法,假设求解精度为小数点后 6 位,也就是要将 $[-10,10]$ 区间除以 20 后再除以 10^6,那么二进制位数需要达到 25 位($2^{25} - 1 = 33\ 554\ 431$),用 0 0000 0000 0000 0000 0000 0000 到 1 1111 1111 1111 1111 1111 1111 来代表 $[-10,10]$ 区间的所有取值。因为有 x,y 两个变量,所以染色体编码为 50 位,前 25 位代表 x,后 25 位代表 y。

将编码还原为 $[-10,10]$ 区间的实数值的方法为

$$\text{value} = -10 + \text{code} \times \frac{10 - (-10)}{2^{25} - 1}$$

Python 参考代码为:

```python
def decode(interval,chromosome):
    d=interval[1]-interval[0]
    n=2**chromosomeLength-1
    return interval[0]+chromosome*d/n
```

其中,interval 是用列表表示的区间,interval$=[-10,10]$;chromosomeLength 为编码

长度;chromosome 为染色体编码。

（2）适应度函数。

不难判断，$f(x,y) \geqslant 0$，所以按照式（5.2），直接使用 $f(x,y)$ 作为适应度函数。

```python
def func(x,y):
    n=math.sin(math.sqrt(x*x+y*y))**2-0.5
    d=(1+0.001*(x*x+y*y))**2
    result=0.5-n/d
    return result


def fitness_func(chromPart1,chromPart2):
    """适应度函数,可以根据个体染色体编码对应的两个部分,即 x 和 y,计算出该个体的适应度值"""
    interval=[-10.0,10.0]
    (x,y)=(decode(interval,chromPart1),decode(interval,chromPart2))
    fitness=func(x,y)
    return fitness
```

（3）评估方法。

对将种群中每个染色体代入函数所求得的值进行累加，然后用每个个体的值除以累加的和，得到的值就可以看作是每个染色体被选中的概率，这时就可以用轮盘赌选择策略选择两个染色体进行重组了。参考代码如下：

```python
def evaluate():
    """用于评估种群中的个体集合 individuals 中每个个体的适应度值,转换为选择概率"""
    sp=selector_probabilities
    for i in range(populationSize):
        fitness[i]=fitness_func(individuals[i][0],  # 将计算结果保存在 self.fitness
列表中
                                individuals[i][1])
    fitnessSum=sum(fitness)
    for i in range(populationSize):
        sp[i]=fitness[i]/fitnessSum  # 得到每个个体对应的生存概率
    for i in range(1,populationSize):
        sp[i]=sp[i]+sp[i-1]  # 需要将个体的生存概率进行叠加,从而计算出各个个体的选择
概率
```

（4）重组。

采用单点重组方式，其实现参考代码如下：

```python
def crossover(chrom1,chrom2):
    p=random.random()  # 随机概率
    n=2**chromosomeLength-1
    if chrom1 !=chrom2 and p<crossoverRate:
```

```
    t=random.randint(1,chromosomeLength-1)   # 随机选择一点(单点交叉)
    mask=n<<t   # < < 为左移运算符
    (r1,r2)=(chrom1&mask,chrom2&mask)   # & 为按位与运算符
    mask=n>>(chromosomeLength-t)   # >> 为右移运算符
    (l1,l2)=(chrom1&mask,chrom2&mask)
    (chrom1,chrom2)=(r1+l2,r2+l1)
  return chrom1,chrom2
```

在实际使用时,需要对染色体里的 x 部分和 y 部分分别进行重组和突变。

(5)突变。

随机选择某一位,对其取反。

```
def mutate(chrom):
  p=random.random()
  if p<mutationRate:
    t=random.randint(1,chromosomeLength)
    mask1=1<<(t-1)   # 第 t 位为 1,其余位都是 0
    chrom=chrom^mask1   # ^为按位异或运算符,当两对应的二进位相异时,结果为 1,某个位和
0 相异或值不变,和 1 相异或则会取反
    return chrom
```

(6)参数设置。

参数的设置可以根据程序调试的实际情况进行调整,本例中设置如下:

种群大小 populationSize＝50,染色体编码长度 chromosomeLength＝25,重组概率 crossoverRate＝0.8,突变概率 mutationRate＝0.05。

完整代码请参考本书附带程序 p5_2/p5_2_GA01.py,PlotTheFunction.py 用于绘制函数图形。

◀ 5.3　差分进化算法 ▶

差分进化算法由 Rainer Storn 和 Kenneth Price 于 1995 年首次提出,主要用于求解连续变量的全局优化问题。它的基本流程和遗传算法非常相似,都包括变异、重组和选择操作,从随机产生的初始种群开始,以适应度值作为选择标准,保留优良个体,淘汰劣质个体,引导搜索过程向全局最优解逼近。二者的不同之处在于:差分进化算法采用实数矢量进行编码,并采用基于差分的简单变异操作和一对一的竞争生存策略,降低了复杂性。它首先从种群中随机选择两个个体,计算它们的矢量差,以此作为第三个个体的随机变化源,将其加权后按照一定的规则与第三个个体求和,从而产生变异个体。然后,变异个体与某个预先决定的目标(父代)个体进行参数混合重组,生成新的试验个体。最后,在试验个体与目标个体之间根据适应度值进行选择,将优秀的个体保存到下一代种群中去。基本流程如图 5.9(a)

所示。遗传算法根据适应度值,按照概率在父代中进行选择,然后交叉重组和变异。显然,差分进化算法的收敛效果更明显。

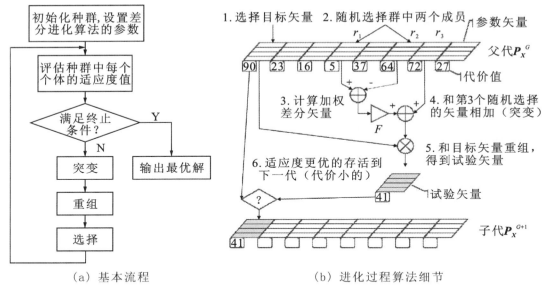

（a）基本流程　　　　　　　　（b）进化过程算法细节

图 5.9　差分进化算法流程图

差分进化算法可以分为两个部分。首先,初始化种群,通过在参数的限定范围内为每个参数生成均匀分布的随机值,构造 NP 个均匀分布的个体矢量,参数就相当于矢量的分量,它的个数就代表着个体矢量的维度。通常 NP 的大小取决于维度 d,一般取 $NP=5d \sim 10d$。可以先尝试固定值。初始化完成后,就进入进化阶段。进化阶段的具体内容如图 5.9（b）所示。

在进化阶段,将执行突变、重组和选择等操作。

在突变过程中需要为种群中的每个目标矢量 X_j^G 产生一个突变矢量 V_j^G,G 代表当前种群所处的世代。式（6.8）为突变矢量的基本产生方法:

$$V_j^G = X_{r_3}^G + F \cdot (X_{r_1}^G - X_{r_2}^G) \tag{5.8}$$

其中,r_1、r_2、r_3 为从种群中随机选择的互不相同的 3 个个体,这 3 个个体和目标矢量也不同。如图 5.9（b）中,为了对步骤 1 选择的目标矢量执行突变操作,随机选择了 r_1 和 r_2 两个个体的矢量求差,并乘以缩放因子 F 进行加权后再和 r_3 个体的矢量相加,形成突变矢量。F 称为差分权重或变异常数,它的大小可以控制差分矢量的影响程度,取值在 $[0,2]$ 区间,通常在 $(0,1)$ 区间取值更稳定,推荐取值范围为 $[0.4,0.95]$。

交叉重组在突变矢量和目标矢量之间进行,由重组参数 $C_r \in [0,1]$ 控制。该参数控制重组的速率或概率,通常取值范围为 $[0.1,0.8]$,首选 $C_r=0.5$。常用的重组方式有二项式（binomial）和指数式（exponential）两种。

在二项式方案中,对个体矢量的每个分量都按照概率来交叉,生成一个 0 到 1 之间均匀分布的随机数 $rand_j$,以该随机数决定该分量是否交换,如公式（5.9）所示:

$$u_{i,j}^G = \begin{cases} u_{i,j}^G, & rand_j \leqslant C_r \\ x_{i,j}^G, & 其他 \end{cases} \tag{5.9}$$

对每一个分量先抽一个签,如果大于 C_r,那么就交换,否则不交换,换下一个分量抽签,……,从而得到重组后的矢量。

在指数方案中,选择突变矢量的一段进行交换,该段以具有随机长度为 L 的随机整数 k 开始,也就是交换的分量位置以及分量个数都是随机的,交换从 k 到 $k-L+1$ 的所有分量。显然,$k\in[0,d-1]$,$L\in[1,d]$,d 为矢量维度。

除了采用式(5.8)的模式产生突变矢量以外,还有其他一些模式:

rand/2: $$\boldsymbol{V}_j^G = \boldsymbol{X}_{r_5}^G + F \cdot (\boldsymbol{X}_{r_1}^G - \boldsymbol{X}_{r_2}^G + \boldsymbol{X}_{r_3}^G - \boldsymbol{X}_{r_4}^G)$$

best/1: $$\boldsymbol{V}_j^G = \boldsymbol{X}_{r_{\text{best}}}^G + F \cdot (\boldsymbol{X}_{r_1}^G - \boldsymbol{X}_{r_2}^G)$$

best/2: $$\boldsymbol{V}_j^G = \boldsymbol{X}_{r_{\text{best}}}^G + F \cdot (\boldsymbol{X}_{r_1}^G - \boldsymbol{X}_{r_2}^G + \boldsymbol{X}_{r_3}^G - X_{r_4}^G)$$

rand 表 to-best/1: $$\boldsymbol{V}_j^G = \boldsymbol{X}_{r_3}^G + F_1 \cdot (\boldsymbol{X}_{r_1}^G - \boldsymbol{X}_{r_2}^G) + F_2 \cdot (\boldsymbol{X}_{r_{\text{best}}}^G - \boldsymbol{X}_{r_3}^G)$$

……

rand 表示随机选取,best 表示选种群中最优的,1 表示使用 1 个差分矢量。式(5.8)模式也称为 rand/1 模式。突变模式和重组模式结合就形成了差分进化算法的方案名称,比如:rand/1/bin 就代表采用随机突变矢量、一个差分矢量、二项式方式重组方案,Best/1/exp 表示采用最佳突变矢量、一个差分矢量、指数方式重组方案。

选择的方法同遗传算法一样,根据适应度值在目标矢量和试验矢量之间选择优秀的存活到下一代

$$\boldsymbol{X}_{i,j}^{G+1} = \begin{cases} \boldsymbol{U}_j^G, & \text{如果 } f(\boldsymbol{U}_j^G) \text{适应度值更好} \\ \boldsymbol{X}_j^G, & \text{其他} \end{cases}$$

下面用多项式曲线拟合(polynomial curve fitting)的例子来进行说明。多项式拟合是指给定一些点,找到能最好拟合这些点的多项式。拟合的评价可以通过拟合误差来进行,比如计算并以每个点和拟合曲线的距离的和作为拟合误差,然后以用差分进化算法最小化拟合误差的方式来找到最佳拟合多项式。

例 5.3　在函数 $f(x)=\cos(x)$ 中添加一些高斯噪声,得到一组观测值 (x,y),用该观测值作为样本,求拟合多项式。

解　首先可以在 Python 中绘制观测值的散点图,需要用到 NumPy 和 Matplotlib 包。

```python
import numpy as np
from matplotlib import pyplot as plt

x=np.linspace(0,10,500)
y=np.cos(x)+ np.random.normal(0,0.2,500)
plt.scatter(x,y,marker='o',color='r',s=5)   # s用于设置绘图点大小,默认为20
plt.plot(x,np.cos(x),label='cos(x)')
plt.legend()
plt.show()
```

输出效果如图 5.10 所示。

为了拟合复杂的曲线,需要使用足够高次数的多项式,这里选择 5 次多项式 $f(w,x)=$

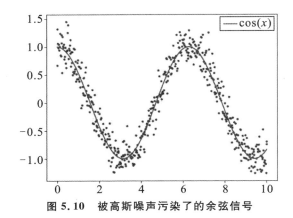

图 5.10　被高斯噪声污染了的余弦信号

$w_0 + w_1 x + w_2 x^2 + w_3 x^3 + w_4 x^4 + w_5 x^5$，它具有 6 个系数 $w = (w_0, w_1, w_2, w_3, w_4, w_5)$。（可以试着将次数变多或变少看一下会发生什么。）

```
def func(x,w):
    return w[0]+w[1]*x+w[2]*x**2+w[3]*x**3+w[4]*x**4+w[5]*x**5
```

为了使用差分进化算法，种群的个体数至少为 4 个，假设种群数量为 20 个，每个矢量用和 w 对应的 6 个实数来表示。为了测量多项式拟合的程度怎样，需要计算均方根误差，可以用均方根误差作为适应度函数来判断个体的优劣，均方根误差越小说明拟合得越好。

```
def rmse(w):
    y_predict=func(x,w)
    return np.sqrt(sum((y-y_predict)**2)/len(y))
```

接下来，要用差分进化算法找到多项式的一组系数 w，使得均方根误差达到最小。

首先初始化，生成数量为 popSize、维度为 dimensions 的随机初始种群。

```
popSize=20
dimensions=6
pop=np.random.rand(popSize,dimensions)    # 注意生成的参数范围为[0,1]
```

然后执行图 5.9(b)所示流程：

(1)选择目标个体。

```
target=pop[j]  # 选择个体矢量 j
idxs=[idx for idx in range(popSize) if idx!=j]    # 获得除 j 以外的个体矢量索引值
```

(2)随机选择其他 3 个互不相同的群成员。

```
selected=np.random.choice(idxs,3,replace=False)
a,b,c=pop[selected]
```

（3，4）求两个个体的差分矢量并乘以差分权重，然后与第 3 个个体的矢量相加。

```
# f_mut=0.8
mutant=a+f_mut*(b-c)
mutant=np.clip(mutant,0,1)   # np.clip 用于将 mutant 中取值超过 0 和 1 的裁剪到 0 和 1。
```

（5）进行重组，得到试验矢量。

```
# crossp=0.5
crossPoints=np.random.rand(dimensions)<crossp
trial=np.where(crossPoints,mutant,pop[j])   # 根据 crossPoints 对应元素的真假来决定是
否交换相应位置的参数
```

（6）选择适应度好的存活到下一代。

```
# 初始种群由于每个参数的取值在 0 到 1 之间，代入适应度函数之前需要去归一化
trialDenormalize=min_b+trial*b_diff   # 参数下限为 min_b,上限为 max_b,间隔为 b_diff=
max_b-min_b,去归一化
popDenormalize[j]=min_b+pop[j]*b_diff
if rmse(popDenormalize[j])>rmse(trialDenormalize):
    pop[j]=trial
```

将此过程循环迭代 2000 次后，均方根误差小于 0.22，此时的参数拟合曲线如图 5.11 所示。

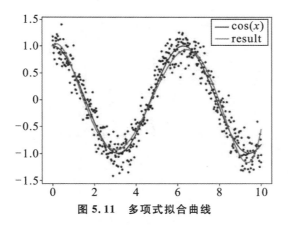

图 5.11　多项式拟合曲线

差分进化算法对于复杂函数的优化非常简单和有效，尤其是在一些其他方法不合适的情况下，比如梯度下降。实际应用时，还可以借助 Python 的库进一步简化差分进化算法的使用方法。

包含差分进化算法的 Python 库有许多，比如 SciPy、Platypus、Pygmo、Yabox 等。在 scipy.optimize 库中具有 differential_evolution 类。它用于为多变量目标函数寻找全局最小值，定义如下：

```
scipy.optimize.differential_evolution(func,bounds,args=(),strategy='best1bin',
maxiter=1000,popsize=15,tol=0.01,mutation=0.5,1,recombination=0.7,seed=None,
callback=None,disp=False,polish=True,init='latinhypercube',atol=0,updating='
immediate',workers=1,constraints=())
```

主要参数说明如下：

func 为需要最小化的目标函数，形式必须为"f(x, * args)"，其中"x"是由一维数组表示的函数参数，" * args"是用元组表示的函数需要的一些固定参数。

bounds 是函数参数的边界，可以用(min,max)对来表示函数 func 中"x"的每个参数的边界，bounds 的长度需要和"x"的参数个数一致。

strategy 是字符串，代表着差分进化算法的突变和重组的模式，默认值为"'best1bin'"，其他的还有"'rand1bin'"和"'best2exp'"等。

maxiter 是最大迭代次数。

popsize 是种群大小参数，实际种群大小为"popsize * len(x)"。

tol 为收敛时的相对容差设定。

atol 为收敛时的绝对容差设定。

mutation 是差分权重 F，默认为 0.5。

recombination 为重组参数 C_r，默认为 0.7。

返回值为优化结果对象 OptimizeResult，其中"x"属性是解矩阵，"fun"属性是目标函数的值。

对于例 5.3，调用 SciPy 中的库实现代码如下：

```
from scipy.optimize import differential_evolution
import numpy as np
x=np.linspace(0,10,500)
y=np.cos(x)+ np.random.normal(0,0.2,500)

def func(x,w):
    return w[0]+w[1]*x+w[2]*x**2+w[3]*x**3+w[4]*x**4+w[5]*x**5

# Root Mean Square Error
def rmse(w):

    y_predict=func(x,w)
    return np.sqrt(sum((y-y_predict)**2)/len(y))

bounds=[(-5,5)]*6
result=differential_evolution(rmse,bounds)
print(result.x,result.fun)
```

运行结果如下：

```
[0.94496481    0.56360931    -1.44527092    0.52471372    -0.06683809    0.00281153]
0.21200886496213872
```

◀ 5.4　蚁群优化算法 ▶

蚁群优化算法是受到某些种类的蚂蚁的觅食行为的启发而产生的。为了标记一些应该被群体的其他成员跟随的有用路径,这些蚂蚁会在地上释放信息素(pheromone),信息素会随着时间的流逝而逐渐挥发。蚁群优化算法采用一种类似的机制来解决优化问题。

蚂蚁走向食物或者从食物所处位置回来时会在地上释放信息素,其他的蚂蚁如果发现有信息素就会倾向走信息素浓度高的路径。通过这种方式,蚂蚁能以非常有效的路径将食物搬移到巢穴。"双桥实验"研究了蚂蚁的这种释放信息素和跟随的行为。如图 5.12 所示,在食物和巢穴之间有两座桥,最初每只蚂蚁会随机选择其中一座桥,在图 5.12(a)所示的两座桥距离相等的情况下,蚂蚁选择哪座桥会出现随机的波动,经过一段时间后,某座桥信息素浓度高一些,这将会进一步吸引蚂蚁过来,于是导致信息素浓度更高,最后整个蚂蚁群都会走这座桥了。在图 5.12(b)中,其中一座桥要比另一座长很多。在这种情况下,初始随机选择哪座桥的波动要小许多,另一种机制起主要作用,碰巧选择较短路径的蚂蚁将会先回到巢穴,于是较短的桥会比另一座桥先获得信息素,这将使后来的蚂蚁选择较短的桥的概率增加,于是很快就都会选择较短的桥了。蚁群的行为基于一种链式扩大反应,也就是利用正反馈,蚂蚁能找到食物和巢穴之间最短的路径。

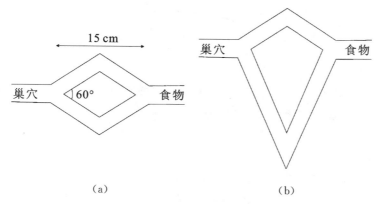

图 5.12　双桥实验

典型的蚁群优化算法有三种,即 ant system(AS)算法、max - min ant system(MMAS)算法和 ant colony system(ACS)算法。最早的蚁群优化算法用于解决旅行商问题获得了较好的效果。

5.4.1　ant system 算法

ant system 算法由 Marco Dorigo 在 1992 年提出,是最早的蚁群优化算法,主要特征是在每一次迭代结束后,所有蚂蚁将根据当前自己的环游情况,比如路径长度,对路径上的信息素进行更新。

结合旅行商问题,看一下 ant system 算法的具体实现过程。

假设有 n 个城市,城市 i 和 j 之间的距离用 d_{ij} 表示,借助于有 m 只蚂蚁的蚁群,找出从起点到终点的最短路径。用 $\tau_{ij}(t)$ 表示在 t 时刻城市 i 和 j 之间残留的信息素含量,蚂蚁 k 表示蚁群中的第 k 只蚂蚁。在初始时刻,假设各路径上信息素的含量 $\tau_{ij}(0)$ 为一个很小的常数 τ_0。每次迭代时,信息素的变化量为:

$$\Delta \tau_{ij}^k = \begin{cases} \dfrac{Q}{\sum L_k}, & \text{蚂蚁 } k \text{ 行程中访问过的边}(i,j) \\ 0, & \text{蚂蚁 } k \text{ 没有被访问过的边} \end{cases} \tag{5.10}$$

其中,Q 是常数,表示每只蚂蚁一次释放的信息素总量是定值,L_k 是蚂蚁 k 巡游一次的总路径长度。这样,较短的路径上获得的信息素量就较大。

于是,每次迭代后,信息素含量变为:

$$\tau_{ij}(t+n) = (1-\rho) \cdot \tau_{ij}(t) + \sum_{k=1}^m \Delta \tau_{ij}^k \tag{5.11}$$

其中,ρ 是信息素挥发速率,m 为蚂蚁总数,$t+n$ 表示执行完一次迭代后。

蚂蚁通过一种随机机制来选择下一个要访问的城市,假设蚂蚁 k 在城市 i,j 为其还未访问过的城市,分子就是到下一个城市路径的信息素和距离综合启发信息,分母表示所有可访问的下一个城市的这些信息的总和,归一化为概率,得到蚂蚁 k 访问城市 j 的概率公式(5.12):

$$p_{ij}^k = \begin{cases} \dfrac{\tau_{ij}^\alpha \cdot \eta_{ij}^\beta}{\sum\limits_{c_{il} \in N(S^p)} \tau_{il}^\alpha \cdot \eta_{il}^\beta}, & \text{如果 } c_{ij} \in N(S^p), \text{即未访问过的可访问城市} \\ 0, & \text{其他} \end{cases} \tag{5.12}$$

其中,$N(S^p)$ 表示蚂蚁 k 还未访问过的所有可以访问的城市节点,参数 α 和 β 用来控制信息素和启发信息 η_{ij} 的相对重要程度,η_{ij} 是城市 i 和 j 之间距离的倒数:

$$\eta_{ij} = \frac{1}{d_{ij}} \tag{5.13}$$

其中 d_{ij} 为城市 i 和 j 之间的距离。

通过以上方式迭代运行一定次数之后,选择路径中的最小值的路径就可以看作是全局最短路径了。

5.4.2 max - min ant system 算法

max-min ant system 算法对原始的 ant system 算法进行优化而得到的,其最主要的特征是只让最优的蚂蚁去更新路径上的信息素,并且对信息素的值进行了限定,即加上了一个最大值和最小值:

$$\tau_{ij}(t+n) = [(1-\rho) \cdot \tau_{ij}(t) + \Delta \tau_{ij}^{\text{best}}]_{\tau_{\min}}^{\tau_{\max}} \tag{5.14}$$

其中

$$\Delta \tau_{ij}^{\text{best}} = \begin{cases} \dfrac{1}{L_{\text{best}}}, & \text{如果}(i,j)\text{属于最好的路径} \\ 0, & \text{其他情况} \end{cases} \tag{5.15}$$

对于最好路径的定义,由算法设计者自己决定,可以是每次迭代中最好的路径,也可以是从开始到现在所发现的最好的路径,或者是两者的组合。只有最好的路径上的信息素值会更新。信息素的最大值、最小值一般需要根据具体问题调整,依据经验决定,有些文献例子中分别取 0.01 和 10,但其实并没有确定方法。

5.4.3　ant colony system 算法

ant colony system 算法最大的特点是引入了局部信息素更新的功能作为对每次迭代后再对全局信息素更新方法的补充。局部信息素更新是在所有蚂蚁执行单步后进行的,每只蚂蚁对它走过的最后一步按下式进行信息素更新:

$$\tau_{ij}(t+1) = (1-\varphi) \cdot \tau_{ij}(t) + \varphi \cdot \tau_0 \tag{5.16}$$

其中:$\varphi \in (0,1]$,是信息素衰减系数;τ_0 是信息素初始值。

加入局部信息素更新的目的是通过降低已经访问过的信息素浓度,鼓励同一次迭代中的蚂蚁走新的路径,使得解具有多样性,降低几只蚂蚁在一次迭代中走完全相同路径的情况。

迭代后的全局离线信息素更新和 MMAS 算法中的一样,由最好的那只蚂蚁执行,公式和式(5.14)类似,稍有不同:

$$\tau_{ij}(t+n) = \begin{cases} [(1-\rho) \cdot \tau_{ij}(t) + \Delta \tau_{ij}^{\text{best}}]_{\tau_{\min}}^{\tau_{\max}}, & \text{如果}(i,j)\text{属于最好的路径} \\ \tau_{ij}(t), & \text{其他情况} \end{cases} \tag{5.17}$$

ACS 算法和 AS 算法一个主要的不同在于蚂蚁构建解的决策规则上。采用 ACS 算法时,蚂蚁在选择下一个到达城市时,采用的转移规则为伪随机比例规则。蚂蚁由城市 i 到 j 的概率取决于取值分布在 $[0,1]$ 区间的随机变量 q 和初始设定值 q_0。如果 $q > q_0$,则该概率和 AS 算法一样由式(5.12)确定;如果 $q \leqslant q_0$,$j = \arg \max\limits_{c_{il} \in N(S^p)} \{\tau_{il} \cdot \eta_{il}^\beta\}$,即如果随机变量的取值小于或等于设定值,那就直接选择去往信息素和距离综合启发信息最大的城市。

蚁群优化算法的直接应用场景之一就是物流。假如你是一个快递员,同时接到了 50 个不同地点的订单任务,你从仓库将商品都装入你的运货车之后,是否需要规划一下怎样才能使得距离尽可能短、时间尽可能少? 在许多领域,比如路径规划、任务指派、工作调度、网络路由、图着色等,蚁群优化算法都得到了广泛的应用。它是一种通用型的随机优化方法,也适合用于并行运算系统,且应用的关键就是如何将问题转化为适合蚁群优化算法的一个表达模型。

通过实验 5.5.2 可以进一步理解蚁群优化算法的应用方法。

◀ ▶ **5.5 实验与设计** ◀ ▶

5.5.1 用遗传算法解决函数极值求解问题

1. 实验目的

掌握遗传算法的基本框架,深入理解遗传算法中的编码、适应度函数、选择、重组、突变等概念,体会遗传算法的基本应用方法以及参数对算法的影响。

2. 实验内容

(1)编写 Python 程序,找出例 5.2 所示函数的最大值、最小值。

(2)找出函数 $f(x,y)=x\sin(4\pi x)-y\sin(4\pi y+\pi)+1$ 在 $x,y\in[-1,1]$ 上的最大值。

(3)修改参数,查看参数对算法性能的影响。

(4)对程序界面及算法进行优化。

实验参考代码说明如下:

PlotTheFunction.py 实现了绘制函数图形的功能,因为是三维图形,所以用到了 Matplotlib 包里面的 mpl_toolkits.mplot3d 绘图包 Axes3D,它随 Matplotlib 一起安装进来。

参考代码 p5_2_GA01.py 中一些关键代码已经在例 5.2 中给出了说明。还需要注意的是,参考代码采用面向对象的形式,设计了一个种群类 population,遗传算法中的一些基本功能都设计成了种群类的一些方法,而例题中的代码是以函数的形式提供的,注意一下两者的细微区别。代码中 reproduce_elitist() 实现了对精英染色体的查找,通过实验,还可以发现精英选择策略比不保留精英到子代的算法在性能上要好许多。

5.5.2 用蚁群优化算法解决加工调度问题

1. 实验目的

掌握蚁群优化算法的应用方法,加深理解基本蚁群优化算法的原理以及蚁群优化算法中的参数对求解速度以及结果的影响。

2. 实验内容

(1)编程解决流水线调度问题。

假设有一个流水车间,有 n 个工件必须在 m 台机器$(1,2,\cdots,m)$上轮流进行加工,工件 i 在机器 j 上的加工时间 t_{ij} 是已知的,每个工件同一时刻只能在一台机器上进行加工,请用蚁群算法给出工作调度方案,使所有工件加工完所花的时间最短。

(2)分析不同参数对算法的影响。

蚁群优化算法中主要参数的选择范围一般如下:

α:$[0,5]$,AS 算法取 $1\sim2$。

β:$[0,5]$,AS 算法取 $2\sim5$。

Q:$[10,10\ 000]$。

ρ:$[0.1,0.99]$,一般取 0.5,这样可以防止信息素无穷累积,避免较早失去探索新路径的能力。

◀ **思考与练习** ▶

1. 遗传算法的基本步骤和主要特点是什么？
2. 遗传算法中的适应度函数的作用是什么？如何设计适应度函数？
3. 说明用蚁群优化算法求解旅行商问题的基本方法。

Python 基础知识简介

Python 作为最具人气的编程语言,受到了许多人的喜爱。它也是人工智能领域应用最广的语言之一,本书中用到的示例以及配套实验代码采用的也是 Python。这里并不打算详细讲解 Python 的语法,主要是帮助大家尽快了解 Python,从其他的编程语言经验中转移过来。更多的 Python 知识、细节,以及 Python 源代码和安装包,可以直接从 Python 官网(https://www.python.org)获得。

首先,Python 是一门免费的、开源的、通用型脚本编程语言,这就意味着 Python 程序的执行是需要解释器的。常见的 Windows、Linux、Mac OS、Android、iOS 等都有对应平台的解释器安装包,可以直接去官网下载,这也使得 Python 程序可以跨平台运行。如果系统中安装好了 Python 解释器,可以在命令行输入"python--version",然后按回车键,会显示系统的 Python 版本号。注意:在有些系统中,为了使 Python 3 不与 Python 2 冲突,需要输入"python3 - version"。由于是解释型语句,因此我们可以直接在命令行输入"Python"或"Python3",然后按回车键,进入 Python 环境,逐条编写语句,查看执行结果。

Python 支持面向对象的编程,但它不强制使用面向对象。Python 还支持众多的模块,使得许多复杂的功能借助模块都能轻松完成,比如用于数值和矩阵运算的 NumPy 软件包、用于绘图的软件包 Matplotlib 等。

在学习 Python 时还要注意到,Python 2 解释器和 Python 3 解释器在语法上有些细节是不同的,比如:在 Python 2 中 print "Hello AI!"是可以运行的,但在 Python 3 中会报错,在 Python 3 中使用 print 必须加上括号,即 print("Hello AI!")。当出现报错时,记得仔细看看错误提示信息,它会告诉你哪里出错了、错误原因是什么,甚至告诉你如何更正错误。本书默认使用 Python 3,即便是 Python 3,不同的版本之间也存在兼容性的问题。还有一点值得注意的是,有些模块包可能是用和你使用的 Python 版本不兼容的版本编写的,有时也会带来调试错误,这时需要考虑切换版本或者移植。

因为 Python 安装后只是提供了解释器,所以还需要用其他的文本编辑器来编写程序。很多人喜欢用集成开发环境(IDE,integrated development environment)。这些集成开发环境不仅提供了代码编辑功能,还增加了代码检查、代码格式化等,功能更强大,界面更加友好。比较常用的集成开发环境有 PyCharm、Sublime、Anaconda 等。如果安装的是 Anaconda 发行版,还能一次性把常用的库也安装好。

下面介绍 Python 的一些基本语法。

1. 字符串

字符串是 Python 中最常用的数据类型之一。可以使用引号(单引号或双引号都可以)来创建字符串,为变量直接赋值即可。Python 不支持单字符类型,单字符在 Python 中也作为一个字符串使用。在字符串中,反斜杠 \ 用于转义。

Python 访问子字符串,可以使用方括号配合冒号来截取字符串,冒号的左边是闭区间,右边是开区间,从 0 开始,还可以用负数表示从右往左的索引值,-1 表示最后一个字符。实例如下:

```
var1='Hello World!'
var2="Python"
print("var1[0]:",var1[0])
print("var1[-1]:",var1[-1])
print("var2[0:5]:",var2[0:5])
```

执行结果为:

```
var1[0]:H
var1[-1]:!
var2[0:5]:Pytho
```

2.列表

序列(sequence)是 Python 中最基本的数据结构之一。序列中的每个元素都可以通过索引来引用,还可以进行切片、加、乘、检查成员等操作。此外,Python 还内置了确定序列的长度以及确定最大和最小的元素等的方法。

Python 有 6 个内置序列类型,最常见的是列表(list)、元组(tuple)、字典(dictionary)。

列表是 Python 最常用的数据类型之一。它以一个方括号定义,内部不同元素间用逗号分隔。列表的数据元素可以是各种数据类型,如下所示:

```
list1=['physics',[70,81,90,65],'chemistry',[73,65,85,90]]
list2=[1,2,3,4,5]
list3=['a','b','c','d']
```

列表的索引规则与字符串的索引规则一样,列表也可以像字符串那样进行截取、组合等操作。以下代码测试可以直接在命令行输入指令查看结果:

```
>>> L=['Hubei','Wuhan','JHUN']
# 读取列表中第三个元素
>>> L[2]
'JHUN'
# 读取列表中倒数第二个元素
>>> L[-2]
'Wuhan'
# 从第二个元素开始截取列表
>>> L[1:]
['Wuhan','JHUN']
```

列表的数据类型支持很多的方法,许多集成开发环境中会自动列出支持的方法,可以帮助记忆。常用的方法有：

list.append(x)：在列表末尾添加一个元素 x。

list.extend(iterable)：用可迭代对象的元素扩展列表。

list.insert(i,x)：在指定的位置 i 处插入元素 x。

list.remove(x)：删除列表中第一个值为 x 的元素。

list.pop() 或 list.pop(i)：删除列表中指定位置的元素并返回,如果不输入 i,则表示删除并返回列表最后一个元素。

list.index(x)：返回列表中第一个值为 x 的元素索引值。

list.count(x)：返回列表中元素出现的次数。

list.sort()：会将 list 的元素进行排序,排序后会永久性改变元素的位置,使用 sorted 函数可以对列表进行临时排序。

list.reverse()：可以反转列表中的元素,也是永久性修改元素的位置,但可以通过再次使用恢复。

3.元组

Python 的元组与列表类似,不同之处在于元组的元素不能修改,但可以通过重新定义来修改整个元组的内容。元组适合存储不会发生改变的元素,比如存储星期的名字。元组的定义使用小括号,不带括号时,也默认是元组。实例如下：

```
tup1=('physics',[70,81,90,65],'chemistry',[73,65,85,90])
tup2=(1,2,3,4,5)
tup3='Sun','Mon','Tue','Wed','Thu','Fri','Sat'
# 创建空元组
tup1=
# 元组中只包含一个元素时,需要在元素后面添加逗号
tup1=(50,)
```

元组的索引和列表一样,下标索引从 0 开始,可以进行截取、组合等操作。

4.字典

字典是另一种可变容器模型,也可存储任意类型的对象。字典中存储的基本元素是键值对,key 和 value 用冒号":"分割,每个键值对之间用逗号分隔,整个字典包括在花括号"{}"中,格式如下所示：

```
d={key1:value1,key2:value2}
```

键值对中的键必须是唯一且不可变的,它只能是字符串、数字或元祖,但值可以取任何数据类型。直接对变量用字典的格式赋值,就可以创建字典。以下是一些简单的字典实例：

```
dict={'XiaoZhao':{'physics':70,'chemistry':73},'XiaoQian':{'physics':81,'chemistry
':65},,'XiaoSun':{'physics':90,'chemistry': 85}}
dict1={'abc':123,98.6:37}
```

把相应的键放入方括号可以访问字典里的值,如下实例:

```
dict= {'Name': 'XiaoZhao','Age':20,'Gender':'Male'}
print("dict['Name']:",dict['Name'])
print("dict['Age']:",dict['Age'])
```

输出结果为:

```
dict['Name']:XiaoZhao
dict['Age']:20
```

Python 序列切片地址可以写为[开始:结束:步长],以下为一些示例,其中 range()函数为 Python 的内置函数,它返回一个可迭代对象,用来创建整数序列,list()函数可以从可迭代对象中创建列表:

```
>>> list(range(10))[:10:2]
# 开始的 start 省略时,默认从第 0 项开始。
[0,2,4,6,8]

# 中间的结尾 end 省略的时候,默认到数组最后。
>>> list(range(10))[1::2]
[1,3,5,7,9]

# 最后的 step 省略时默认为 1,此时还可以将后面的冒号省略。
>>> list(range(10))[0:1:]
[0]
>>> list(range(10))[0:1]
[0]
# 当 step 等于负数时,从右向左取数。
>>> list(range(10))[::-1]
[9,8,7,6,5,4,3,2,1,0]
>>> list(range(10))[::-2]
[9,7,5,3,1]
```

5.数组

Python 自己带有一个 array 模块,通过 import array 来引用,简单应用中可以使用它。Python 中的数组(array)几乎跟列表差不多,但数组不是 Python 的标准数据类型,而列表是;数组的类型必须全部相同,而列表可以不相同。

在很多情况下,Python 中的数组主要还是指 NumPy 中的 ndarray 类。它可以作为矩阵使用,NumPy 的矩阵运算功能很强大。数组创建时,参数既可以是列表,也可以是元组。

如果在 Python 中使用 NumPy 的数组,就需要安装 NumPy 软件包,命令行下输入:

```
pip install numpy
```

即可在线安装 NumPy 软件包。如果使用 Anaconda 集成开发环境,一般会自动包含这些常用的包。而如果在 PyCharm 环境下,可参考 3.6.2 节内容。安装完毕后,可通过以下语句引用 NumPy 包:

```
import numpy as np
```

如果该语句不报错,表示安装成功,接下来就可以使用数组了,示例如下:

```
list=[[1,2,3],[4,5,6]]
b=np.array(list)   # 列表转数组,array 是 NumPy 的数组类 ndarray 别名
print(b)
print(b.shape)   # 打印数组 shape,即维数,结果是(2,3)
newlist=b.tolist()   # 数组转列表
print(newlist)
tuple1=(1,2,3)
c=np.array(tuple1)   # 元组转为列表
```

除了可以用 array 函数创建数组外,NumPy 还有很多其他的函数,可以创建数组。比如 np. arange(a,b,c) 表示产生从 a 到 b 不包括 b,间隔为 c 的一个 array。值得注意的是,NumPy 数组没有逗号隔开,而列表有,如下所示,可以运行代码进行验证。

```
# 数组:
[[1 2 3]
 [4 5 6]]
# 列表:
[[1,2,3],[4,5,6]]
```

shape 是维度的意思。在数组代码的调试中会经常查看维度。它的用法如下：

```
import numpy as np
x=np.array([1,2])
y=np.array([[1],[2]])
print(x.shape)  #  x[1,2]的 shape 值(2,),意思是一维数组,数组中有 2 个元素
print(y.shape)  #  y[[1],[2]]的 shape 值是(2,1),意思是一个二维数组,每个数组中有 1 个元素
```

输出结果为：

```
(2,)
(2,1)
```

6. 矩阵

matrix 是 array 的一个特例,它只能是二维的,而 array 可以是多维的,如下例所示：

```
list2=[[1,2,3],[4,5,6]]   # 二维
list3=[[[1,2,3],[4,5,6]],[[1,2,3],[4,5,6]]]   # 三维
mat2=np.mat(list2)   # 转为矩阵
print(mat2)

mat3=np.mat(list3)   # 会出现错误(ValueError("matrix must be 2-dimensional")),三维列
表,无法转变,矩阵只能二维的
```

7. 集合

Python 中的集合(set)和其他语言中的集合类似,是一个无序不重复元素集。其基本功能包括关系测试和消除重复元素。集合对象还支持 union(联合)、intersection(相交)、difference(差)和 symmetric difference(对称差集)等数学运算。

set 支持 x in set,len(set)和 for x in set。需要注意的是,作为一个无序的集合,set 不记录元素位置或者插入点。因此,set 不支持 indexing、slicing 或其他一些类似序列的操作,集合应用示例如下：

```
>>> t=set('Hello')
>>> s=set([1,2,3,5,9])
>>> t
```

以下的一些示例可以作为练习,了解 set 在 Python 中的应用。

```
set(['H','e','l','o'])  # 只有一个 l
t.add('x')  # 添加一项
t.update(['y','z'])  # 添加多项
t.update(s)  # 添加 set
t.remove('y')  # 删除元素,如果不存在会引发 KeyError
t.pop()  # 弹出一个元素,如果为空引发 KeyError
t.discard(a)  # 如果存在 a,则删除
s.issubset(t)  # 检查 s 中每个元素是否在 t 中,两个 set 无法比较
s.issuperset(t)  # 检查 t 中的每个元素是否在 s 中
```

8. 简单的 Python 程序

Python 中整数是 int 型,小数是 float 型,布尔型用 true 和 false。在混合运算中,会自动将整数转为浮点数。和大部分编程语言一样,Python 使用嵌套的()来确定运算中的优先级。此外,Python 中还内置支持复数,使用后缀 j,比如 3+4j。

Python 的除法运算符号有两个,分别是 / 和 //。/ 运算得到的结果是浮点数,如果希望像 C 语言一样只获得商的整数部分,需要使用 //。% 运算是取余数。在 Python 中,两个乘法符号 * * 用来计算乘方。Python 还支持多重赋值的功能,即同时对多个变量进行赋值,比如以下代码可以计算斐波那契数列:

```
a,b=0,1
while a<100:
    print(a,end=',')  # end 可以取消打印输出后的换行
    a,b=b,a +b
```

这里需要注意,Python 中组织语句的形式是采用缩进实现的,缩进体现了层次关系,同一块的语句必须使用相同大小的缩进。

同时还要注意,在 Python 中变量区分大小写,且定义变量时不能以数字开头。

9. 面向对象的一些特点

面向对象程序设计(OOP,object oriented programming)把对象作为程序的基本单元。对象包含属性和方法,一个抽象的对象模板称为一个类(class),而通过类创建出来的具体对象则称为实例。类用"class"关键字进行声明,类名通常采用以大写字母开头的单词来表示,后面加上(object),如下:

```
class Student(object):
pass
```

　　定义了类以后,就可以创建类的实例了,比如"xiao_zhao＝Student()"。定义类时,前后两个下划线的特殊方法__init__用来在创建类时进行初始化操作,相当于构造函数的概念。在类中定义方法时,第一个参数永远是"self",表示创建的实例自身,并且在调用时不需要传递该参数。

　　@property 装饰器用来把一个方法变成属性调用。

　　以下例子可以像属性一样访问或者设置学生对象中的分数方法,主代码会显得更简洁。

```
class Student(object):
    @property
def score(self):
return self._score


    @score.setter
def score(self,value):
if not isinstance(value,int):
raise ValueError('score must be an integer! ')
if value<0 or value>100:
    raise ValueError('score must between 0~100! ')
        self._score=value
```

　　在查看或者设置学生对象 s 中的分数 score 时,就可以直接用 s. score＝60 来代替 s. ‖ set_score(60)方法。同样,可以用 a＝s. score 来代替 a＝s. get_score()方法。

参 考 文 献

[1]TURING A M. Computing machinery and intelligence[J]. Mind,1950,59(236)：433 -460.

[2]刘鹏,曹骝,吴彩云,等. 人工智能——从小白到大神[M]. 北京：中国水利水电出版 社,2021.

[3]BROOKS R A ，FLYNN A M. Fast,cheap and out of control：a robot invasion of the solar system[J]. Journal of The British Interplanetary Society,1989, 42, 478-485.

[4]清华大学-中国工程院知识智能联合研究中心. 2019 人工智能发展报告[R]. 2019.

[5]LIN T Y, MAIRE M, BELONGIE S, et al. Microsoft COCO：common objects in context[J]European Conference on Computer Vision,2014:740-755 .

[6]LUGER G E. Artificial intelligence：structures and strategies for complex problem solving[M]. 6th ed. Boston：Pearson Education,Inc.，2009.

[7]李长河. 人工智能及其应用[M]. 北京：机械工业出版社,2006.

[8]王万良. 人工智能导论[M]. 5 版. 北京：高等教育出版社,2020.

[9]李德毅. 人工智能导论[M]. 北京：中国科学技术出版社,2018.

[10]魏印福,李舟军. 动态规划求解中国象棋状态总数[J]. 智能系统学报,2019,14(1):108 -114.

[11]蔡自兴,等. 人工智能及其应用[M]. 5 版. 北京：清华大学出版社,2016.

[12]张仰森. 人工智能教程学习指导与习题解析[M]. 北京：高等教育出版社,2009.

[13]GÉRON A. Hands-on machine learning with scikit-learn,Keras,and TensorFlow [M]. 2nd ed. Sebastopol：O'Reilly Media,Inc.，2019.

[14]周志华. 机器学习[M]. 北京：清华大学出版社,2016.

[15]张朝阳. 深入浅出工业机器学习算法详解与实战[M]. 北京：机械工业出版社,2020.

[16]COVER T M, HART P E. Nearest neighbor pattern classification [J]. IEEE Transactions on Information Theory,1967,13(1):21-27.

[17]SAINI I,SINGH D,KHOSLA A. QRS detection using K-nearest neighbor algorithm (KNN) and evaluation on standard ECG databases[J]. Journal of Advanced Research, 2013,4(4)：331-344.

[18]July. 编程之法：面试和算法心得[M]. 北京：人民邮电出版社,2015.

[19]卢宾宾,杨欢,孙华波,等. 利用 Minkowski 距离逼近道路网络距离算法研究[J]. 武汉 大学学报(信息科学版),2017,42(10)：1373-1380.

[20]SARWAR B,KARYPIS G,KONSTAN J,et al. Item-based collaborative filtering recommendation algorithms[C]// Proceedings of the 10th International Conference on

Word Wide Web,2001, Hong Kong:285-295.

[21]HSU C-W,CHANG C-C,LIN C-J. A practical guide to support vector classification [EB/OL]. https://www. csie. ntu. edu. tw/~cjlin.

[22]PEDREGOSA F, VAROQUAUX G, GRAMFORT A, et al. Scikit-learn: machine learning in Python[J]. The Journal of Machine Learning Research,2011,12: 2825 -2830.

[23]GRAVES A,WAYNE G,DANIHELKA I. Neural Turing machines[DB]. arXiv:1410. 5401.

[24]约阿夫. 戈尔德贝格. 基于深度学习的自然语言处理[M]. 车万翔,郭江,张伟男,等,译. 北京:机械工业出版社,2017.

[25]FORTMANN-ROE S. Understanding the bias-variance tradeoff[EB/OL]. http:// scott. fortmann-roe. com/docs/BiasVariance. html.

[26]RUDER S. An overview of gradient descent optimization algorithms[DB]arXiv:1609. 04747 [cs. LG],2017.

[27]斎藤康毅. 深度学习入门——基于 Python 的理论与实现[M]. 陆宇杰,译. 北京:人民邮电出版社,2018.

[28]JOLLIFFE I T. Principal component analysis[M]. 2nd ed. New York, NY: Springer,2002.

[29]姚天任. 数字语音处理[M]. 武汉:华中科技大学出版社,1992.

[30]吴军. 数学之美[M]. 2 版. 北京:人民邮电出版社,2014.

[31]雷明. 机器学习的数学[M]. 北京:人民邮电出版社,2021.

[32]李航. 统计学习方法[M]. 北京:清华大学出版社,2019.

[33]OSMAN I,LAPORTE G. Metaheuristics:a bibliography[J]. Annals of Operational Research,1996,63(5):513-628.

[34]STORN R,PRICE K. Differential evolution—a simple and efficient heuristic for global optimization over continuous spaces[J]. Journal of Global Optimization,1997, 11:341 -359.

[35]BILAL,PANT M,ZAHEER H,et al. Differential evolution:a review of more than two decades of research[J]. Engineering Applications of Artificial Intelligence, 2020,90.

[36]DORIGO M, BIRATTARI M, STÜTZLE T. Ant colony optimization[J]. IEEE Computational Intelligence Magazine,2006,1(4):28-39.

[37]Python 官方网站. https://www. python. org.

[38]TensorFlow 官方网站. https://www. tensorflow. org.